森林报

经典美绘版

[苏]维·比安基◎著

中国地图出版社

北 京

图书在版编目（CIP）数据

森林报：经典美绘版．冬／（苏）比安基著；《森林报》丛书编译组编译．-- 北京：中国地图出版社，2013.10

ISBN 978-7-5031-8029-3

Ⅰ．①森… Ⅱ．①比… ②森… Ⅲ．①森林—青年读物②森林—少年读物 Ⅳ．①S7-49

中国版本图书馆CIP数据核字（2013）第214823号

书　　名　森林报·冬

出版发行　中国地图出版社　　邮政编码　100054
社　　址　北京市西城区白纸坊西街3号　　网　　址　www.sinomaps.com
电　　话　010-83543902　83543949
印　　刷　北京龙跃印刷有限公司　　经　　销　新华书店
成品规格　170mm×240mm　　印　　张　8
版　　次　2013年10月第1版　　印　　次　2013年10月北京第1次印刷
定　　价　20.80元

书　　号　ISBN 978-7-5031-8029-3/G·3128

这里有四季的欢乐忧愁，这里有动物的阴谋诡计，这里有植物的家长里短。大自然的神奇都将在《森林报》中一一展现：

生机盎然的春天里，逃亡的春水被扣留了，秃鼻乌鸦从南方飞来了，蝰蛇在树墩上晒太阳，林中的乐队演唱会正进入高潮……

骄阳似火的夏天里，森林居民都在忙着盖房子，有一种名叫猞猁的强盗悄悄潜入林中，欧夜鹰的蛋不翼而飞了，灰山鹑正在到处寻找藏身之处……

硕果累累的秋天里，西风吹走了森林华丽的夏装，鸟儿踏上了远走他乡的旅程，驼鹿正为争夺领地而战斗，啄木鸟在打铁厂忙碌着……

白雪皑皑的冬天里，动物们在雪地里写上形状各异的文字，蝙蝠成了倒挂的睡客，海豹从冰洞中探出头向外张望着，淤泥中的青蛙变成了透明的……

缔造自然界美丽童话的是苏联著名的自然科学家——维·比安基。比安基从小就对大自然产生了浓厚的兴趣，27 岁的时候，他就已经记录了大量动植物的观察日记。在此后 30 多年的创作生涯中，他以轻快优美的笔触和引人入胜的情节进行创作，在他的笔下产生了多部优秀的作品，《森林报》就是其中的经典之一。《森林报》于 1927 年出版后，连续再版，深受少年朋友的喜爱。

现在编译的这本《森林报》，我们在力求符合原著的基础上，对一些不适合时代主题的内容进行了删减，比如，将血腥的捕猎场面删除，取而代之的是人与动物平等基础上的斗智斗勇，使故事更为生动有趣。我们还在文字中增加了大量手绘图片，再现了故事的精彩瞬间，让少年朋友感受到真实的自然世界。

【冬季第一月】银路初现

●太阳诗篇

【冬季第二月】忍饥挨饿

【冬季第三月】苦熬残冬

●太阳诗篇

森林报

冬季第一月

银路初现

12 月 21 日至 1 月 20 日

太阳进入摩羯宫

太阳诗篇

开始熬冬

十二月，天寒地冻，冰雪封住了大地，像铺路工们在地上铺上了一层冰板一样，整个大地“囚禁”了。到了十二月，一年结束了，但是，新的冬季才刚刚开始。

水的故事已经结束了，连波涛汹涌的河流都被厚厚的冰封了起来。大地和森林都盖上了雪被。太阳躲到了乌云的后面，白昼越来越短，黑夜在悄无声息地变长。

白雪下掩埋了多少枯死的植物啊！一年生植物按期长成了，它们也曾开花，结果，然后枯败，现在它们又重新回到了曾经生长的泥土里。和这些植物一样，一些无脊椎小动物，也走到了生命的尽头，它们的躯体也将化为泥土，回归大地的怀抱。

但是，植物留下了种子，动物产下了卵。到时候，太阳会用热吻来唤醒它们。那时，不论是植物那枝繁叶茂的枝干，还是动物那朝气蓬勃的身体，都会重新出现在这片大地上。多年生的植物呢，它们也有办法保护自己的生命，平安度过北方这漫长的冬季，直到来年春天。不过，十二月的冬季还没有完全显露出它的威风来。

无论如何，眼前需要先熬过这漫长的冬季。

一本冬天的书

眼前的大地被均匀地铺上了一层皑皑白雪。

现在，无论是漫无边际的田野还是那些林间空地，都像一张摊平的书页，洁白而平整。人或是动物从上面走过，就会留下不同的字迹。

白天下了一场雪，雪停了，留在雪上的字迹不见了，大地重新变成了一面干干净净的书页。

第二天清晨，你再来看看，就会发现洁白的书页上，印满了各种各样神秘的符号，竖道、圆点、逗号、省略号等。这是森林中各种各样的居民来过这里，它们在这里走来走去，蹦蹦跳跳。如果细心观察，就能知道它们都干了些什么事。

那么是谁到过这里？它们又干了些什么事？

在下次的雪到来前，需要赶紧分辨出这些特殊的符号，解读出这些神秘的字符。不然，下一场大雪到来的时候，眼前又会是一张干净、整洁的大纸，就好像有人把这本书翻过了一页一样。

该怎样读

在这本冬天的书上，森林中的每位居民都签上了自己的名字，用不同的笔迹和不同的符号。通过眼睛，人类可以分辨这些符号，是的，人类只能用眼睛分辨，而动物却与人类不同，它们常常用鼻子来“阅读”这些符号，为什么这么说呢？

以狗为例子吧，狗用鼻子闻一下这冬天书页上的“字”，它就会读到“这里有狼来过”，或者“有一只兔子刚从这儿经过”。

就是这么有趣！可别小看了动物的鼻子，这里的学问可多了，而且它们是绝不会读错的。

用不同的部位“写字”

大多数野兽是用脚“写字”的。有的用五个脚趾“写字”，有的用四个脚趾“写字”，有的用蹄子“写字”。有时候，它们也用尾巴、鼻子或是肚皮来“写字”，不同的动物会用不同的部位来“写字”。

鸟类也会用脚和尾巴来“写字”，有的也会用翅膀来“写字”。

新花样——常体字和花体字

《森林报》的通讯员通过读“冬”这本书，了解到森林中许许多多的事情。当然，了解这些事情需要具备丰富的知识，因为动物们在雪地上“写字”的时候常常是随心所欲的，偶尔还会玩点新花样。

让我们先看一看松鼠的“字迹”吧！它们在雪地上行走的时候，用两条短短的前腿支撑，两条长长的后腿向前伸出很长的距离，一下就可以跳得很远。所以，前腿的脚印小小的，并排印出两个小圆点儿；而后腿的脚印却长长的，好像两只伸着细长的手指头的小手掌。

野鼠的“字迹”虽然很小，但很简明，容易辨认。它从雪底下爬出来的时候，一般会先在原地绕一圈，然后再快速跑向目的地或者洞穴中。它的“字迹”会在雪地上留下一串串冒号，而且冒号和冒号之间的距离都是相等的。

鸟类的“字迹”也很容易辨认。就拿喜鹊来说吧，它的前脚趾印在雪地上，是“十”字形的，三个尖尖的爪子在前，一个尖尖的爪子在后，而后面的第四个脚趾留下的痕迹很长，形成了一个短短的破折号，“十”字形的两旁是翅膀的羽毛留下的痕迹。有些地方，雪地上还留下了参差不齐的长尾巴扫过的痕迹。

这些“字”工整而规则，一下就能够看懂：这里是一只调皮的小松鼠从树上爬下来，在雪地上玩了一会，又回到了树上；这里是一只野鼠从雪里钻出来，转了一圈后，又回到了洞里；这里是一只喜鹊从天空落下，在雪地上走了一会儿，然后振动翅膀飞走了。

但是，狐狸和狼的“笔迹”辨认起来就很困难，需要仔细观察才行。还有，要学会更多的有关雪地里的“字迹”的知识，这样才能破解动物们在雪地上精心布置的谜团。

小狗与狐狸，大狗与狼

狐狸的脚印和小狗的脚印差不多。不同的是，狐狸会把脚掌缩成一团，几个脚趾头紧紧地并拢着。狗的脚趾却是张开的，所以，它的脚印形状会松散一些，深度浅。

狼的脚印很像大狗的脚印，但是，有细微的差别：狼的脚掌由两边往里紧缩，因此，狼的脚印比狗的脚印更长一些，更秀气一些。狼的脚爪和脚掌上有几块小肉疙瘩，在雪地上压得更深一些；狼的前爪印和后爪印之间的距离，比狗的大一些。

所以，冬天就是一本“看图识字”的书。

这里讲的只是一些最基础的常识，其实，狼的脚印非常难弄明白，要想辨认狼的足迹往往需要具有更多的知识和经验，因为狼总是喜欢玩花样，常常有意掩饰自己的脚印，目的是让人难以找到它的踪迹。狐狸也是如此。

狡猾的狼

当你在森林里的雪地上发现这样的足迹时，你可要注意了！狼在森林里往前走或小跑的时候，它的右后脚总是准确地踩在左前脚的脚印里，左后脚总是踩在右前脚的脚印里。因此，它的脚印是单行的，形成了一条直线。

当你看到这样的脚印时，你可能认为：有一只强壮的狼从这里经过。

如果这样认为，你可就错了。真相是这样的：有5只狼连成一排从这里经过。最前面的是一只聪明的母狼，后面跟着一只老公狼，3只小狼紧随其后。

它们排着队前进的时候，后面狼的脚总是十分准确地踩在前面那只狼的脚印上，而且非常整齐，这样有规律的重叠的足迹，让你绝对想不到这居然会是5只狼的脚印！

只有练得一双敏锐的眼睛，才能根据雪地上的脚印辨别狼的数量，掌握它们的动向，成为银砌兽径[1]上的好猎人。

【注解】① 银砌兽径：猎人对雪地上的兽迹的称呼。

树木过冬

在寒冷的冬天，树木怎样过冬呢？它们会被冻死吗？答案是肯定的。一棵连树心都结了冰的树，自然难逃死亡的命运。

在我们国家，如果是寒冷无比的冬天，加上雪下得又少，就会冻死不少的树木，而且大部分是那些幼嫩的小树。

幸亏树木都有应对严冬的妙招，它们会使用各种办法把寒气挡在身体之外，以维持树心的温度，使自己不受伤害。要不是这些妙招，所有的树木都会被冻死，而一棵不剩了。

汲取营养，生长发育，传宗接代，是每棵树的使命，但是，这些都会消耗大量的能量，使体内失去大量的热量。所以，整个夏天树木都在积蓄越冬所需要的能和热，一到冬天，它们就不再汲取营养，停止生长发育，不再把能量消耗在繁衍后代上。它们停止了一切活动，进入了深沉、长久的睡眠状态。

树叶会排出积蓄在体内的大量的热。所以，一到冬季，树木就会“抛弃”树叶！树木之所以毫不犹豫地这样做，就是为了把维持生命的宝贵的能和热，保存在自己的身体里面。而且，落到地上的树叶会逐渐腐烂，腐烂过程中散发出的热量同时能保护娇嫩的树根。

这还远远不够，还有呢！每一棵树木都有它们自己抵御严寒的高招！夏天，树木都会在它的树干和树枝的皮层下储存多孔的木栓组织，这种组织不透水，也不透气。空气滞留在气孔中，保存树木活动机体中的能量不散发掉。树的年龄越大，它的木栓层就越厚，因此，老树、粗树要比干细、枝嫩的小树更加耐寒。

仅有铠甲来抵御寒冷还是不够的，也就是说只有这具铠甲是抵挡不住严寒的。不过不用担心，如果难以抵御的严寒最终把这层铠甲也穿透了，树木还有其他办法，它会在植物的活机体中构筑一道可靠的化学防御线。在冬季到来之前，树就会在树内的汁液里积蓄起各种盐类和含糖的淀粉。这些含有盐类和糖的溶液具有极强的抗寒能力。

但是，树木最好的抵御严寒的工具，是松软的雪被。我们都见过，在寒冬来临之前，细心的有经验的园丁总是有意把怕冷的小果树弯到地面，让其与地面平行，然后用雪把它们埋起来，这样，它在雪被下就暖和多了。在多雪的冬天，

白雪像一床硕大无比的棉被，盖住了森林。有了这样的保护，即使再冷的天气，树木也不用害怕了。

不管寒冷的冬天有多么冷酷无情，它也摧毁不了我们北方的大森林！

我们的森林王子能够战胜一切暴风雪的袭击。

积雪下的草场

雪积得很厚，白雪使周围变成了一片银装素裹的世界。

花儿凋谢了，草也枯萎了，给人一种单调和荒凉之感。

你也许认为，冬天的大自然真是毫无生机啊！其实，有这样的想法，是因为我们对大自然的了解真的太少了！

今天天气晴朗，透露出一丝暖意。我当然不会错过这个享受大自然的好机会，于是就想趁着这样的好天气到草地上走走。于是，我蹬上了滑雪板，滑到了我的小草场上，去清除这块小试验场上的积雪。

清扫完积雪，我突然惊奇地看到，洒满了阳光的草场上，一些嫩芽从积雪中探出了头，偷偷地窥视着这个世界。

在这些嫩芽当中，我找到了一棵气味十分刺鼻的毛茛[①][gèn]。在冬天来临之前，它还在开花。现在，它在雪底下仍完好地保存了所有的花朵和花蕾，静静地期待着春天的到来，甚至连花瓣都不曾凋零。

你们知道，我这片小试验地里有多少种植物吗？

有62种！这些植物中，有36种是绿色的，有5种还是开着花的。

这下你还能说我们的草场上没有花，也没有绿草吗？

【注解】①毛茛：一种草本植物，茎叶有茸毛，植株带有毒性，可以入药。

林中大事记

自以为是的小狐狸

在林中的空地上，一只小狐狸发现了几行老鼠“写”在地上的“小字”。

“啊哈！”它心想，“我就要有好吃的啦！”它也没认真地用鼻子“读一读”，弄清楚到底是谁来过这里，而只是瞧了几眼，就轻易地做出了判断。

“哦！原来你藏在这儿啊！”小狐狸像是明白了似的，于是，它蹑手蹑脚地顺着足迹朝树丛走去。

突然，它发现前面的雪地里有个小东西在蠕动。它长着灰色的毛、短短的尾巴。小狐狸见猎物就在眼前，毫不犹豫地扑了上去，咔嚓一口，咬住了这个小东西！

“呸！这是什么味儿啊！臭死我了，真恶心！”来不及多考虑，它赶紧放开小兽，飞快地跑到一边去吃雪，它是想用雪来漱漱口，这味道真是太难闻了！

就这样，小狐狸的早饭没吃成，还白白牺牲了一只小兽的性命。

原来，这个小东西不是老鼠，而是一只鼩鼱［qú jīng］。

鼩鼱只是远远看上去像普通的老鼠而已，它们还是很容易分辨的，只要在近处观察，很快就能看出它们的不同：鼩鼱长着又长又尖的嘴巴，躬着弯弯的背。它是食虫类哺乳动物，与鼹鼠和刺猬是亲戚。森林中稍有经验的动物都不会去碰这个小东西的，因为在它的后腿上长着一对臭腺，会释放出一种类似麝香的气体，这种气体难闻无比。一时大意的小狐狸对此却一无所知，自以为是的它刚刚就吃了亏。

恐怖的脚印

在几棵树的下面，我们的《森林报》通讯员发现了一种奇怪的脚印。这种脚印不大，和狐狸的脚印差不多。但是，最突出的特征是：脚印又长又直，形状犹如一个钉耙。想象一下要是被这样的爪子在肚皮上划一下，没准五脏六腑都会被揪出来，想想都感觉可怕！

通讯员小心翼翼地沿着脚印向前走去，找到了一个很大的洞，洞口的雪地上横七竖八地散落着动物的细毛。上前仔细地研究了一下，发现这些细毛很直，并且很坚硬，不容易断。细毛的颜色是白色的，只是尖儿上有一点点黑色。人们当然不会放弃大自然的馈赠，用这种毛来制作毛笔，真是再合适不过了。

很快，森林通讯员就明白了，住在这个洞里的是獾。它是一个阴郁、喜欢独来独往的家伙，并不像想象中的那么可怕。它只是趁着这样的好天气出来溜达溜达，晒晒太阳而已。

雪海

不论是生活在荒野上的动物，还是生活在森林里的动物，最害怕的就是这少雪的初冬，因为对它们来说，最难熬的日子到了。放眼望去，田野上光秃秃的，冻土层越来越厚，根本什么食物也找不到。即便躲在洞里，同样也会感到寒冷无比。这样的日子，喜欢生活在地下的鼹鼠①是最遭罪的，虽然它们锋利的爪子像小铲子一样，但是挖起如岩石一般的冻土来，仍是太费劲了。鼹鼠的生活都如此艰难，那么老鼠、田鼠、黄鼬、银貂等其他动物就更加艰难了。

终于，迎来了一场大雪。雪越来越大，漫天的雪花飞舞，下个不停。地上的雪也越来越厚，形成茫茫的一片银色的雪海，让人会迫不及待地想融入到这银白色的世界。雪已经没过了膝盖，对于榛鸡、黑琴鸡、松鸡这些鸟类来说，这可不是什么好事。它们早被埋在了积雪下面，连脑袋都看不见了。

【注解】①鼹鼠：一种哺乳动物。体形矮胖，毛为黑褐色，嘴尖，有利爪，适于掘土。白天住在土穴中，夜晚出来捕食昆虫，也吃农作物的根。

老鼠、田鼠、鼩鼱这些不冬眠的小动物，却从地下的洞穴里钻了出来，在这无边无际的雪海下奔跑、嬉戏。食肉的伶鼬也来凑热闹了，它正不厌其烦地在雪海里钻来钻去，像极了海面上的小海豹，有时跳出来，在雪面上待一会儿，左顾右盼，看看有没有榛鸡或松鸡会从什么地方露出头来，一旦发现目标，便一头钻回雪海里去，就这样在雪下，悄无声息，不知不觉地向目标逼近。

雪底下要比雪面上暖和很多。严冬里刺骨的冷风和寒气都难以到达这里，因为眼前的雪海就是一层厚厚的固态水，把严寒阻挡在外面。这时候，很多穴居的鼠类会把家从地下搬到了雪层底下的地面上，就好像离开洞穴，到冬季别墅里来避寒一样。

出人意料的是，这里竟然发生了一件神奇的事！有一对短尾巴的田鼠用细草和毛搭建了一个窝，这个窝竟然建在了一个被雪覆盖的灌木丛的枝条上。瞧，它们正在温暖的窝中睡觉，它们呼出的热气正一缕缕地从窝里冒出来呢！

在这个建在雪海深处、暖暖的小窝里，还住着几只刚刚出生的小田鼠，它们的眼睛还没睁开呢！那还没长毛的小身体光溜溜的。相比之下，外面可是零下20℃的严寒呢！

雪海里的鸟群

沼泽地上，一只兔子欢快地奔跑着、跳跃着，只见它从一个草丛跳到另一个草丛，玩得不亦乐乎。突然，“扑通”一声，小兔子一下掉进了雪里，雪一下没到了它的耳边。

还没来得及有所反应，兔子就感觉有什么动物在它的脚下不停地动。刹那间，只见一群白色的雷鸟[①]从它周围的雪底下冲了出来，“噼里啪啦”地扑腾着翅膀。小兔子害怕极了，撒腿就跑，连忙逃到森林里去了。

原来，在这雪海下的沼泽地里住着一群雷鸟。它们白天飞出来，在沼泽地上一边活动一边找寻食物，吃饱后，再钻回雪里睡大觉。

雪下面，雷鸟又温暖又安全，它们当然愿意藏在那里。除了那只冒失的小兔子，又有谁会来打扰它们呢？

【注解】①雷鸟：一种不能远飞，但是能在雪地上疾驰的鸟，生活于寒冷地区。

雪爆谜团，母鹿得救

雪地上出现了一些奇怪的脚印，我们的通讯员好久也没弄明白，这里到底发生过什么样的事情？让我们来揭开这个谜团。

开始，通讯员在雪地上发现了一些又小又窄的蹄印，看上去，步态很安稳。这里的几行“字”并不难解读：有一只母鹿，在树林里散步。

森林通讯员继续追踪。突然，在这些蹄印的旁边，出现了一些很大的利爪的印记，随之母鹿的脚印也不再平稳，而是变成了奔跑、逃窜的形状了。

这些也不难理解，一只狼在别处发现了母鹿，正飞奔过来，于是母鹿第一时间闪身飞快地逃跑了。

再往前观察，狼和母鹿的脚印越来越近，似乎眼看狼就要追上母鹿了。

前方地面上倒着一棵大树，这时两种动物的脚印已经完全混在一起了。看上去，母鹿在关键时刻纵身一跃，跳过了大树，而狼也紧跟着跳了过去。

这时通讯员又发现，在这棵又大又粗的树干的另一侧，有一个很深的大坑，坑里的积雪乱糟糟的，坑外溅起的雪也同样弄得四周全是，就像是一颗威力十足的炸弹在雪底下轰然爆炸了一般。

接下来，坑外狼的脚印和母鹿的脚印却分开了，分别跑向了两个不同的方向。更令人奇怪的是，又出现了一种很大的陌生的脚印。看上去很像是一个人光着脚走路留下的痕迹，只是前面多出了一些弯弯的、可怕的利爪的印记。

通讯员认真思考起来，雪地里为什么会埋着一颗“炸弹”？新出现的大脚印又是谁留下的呢？狼和母鹿怎么会分道扬镳了呢？这里究竟发生了什么样的事情？

我们的通讯员经过认真地思考和观察，终于解开了谜团。

原来当时的情形是这样的，母鹿的腿又细又长，纵身一跃，自然轻而易举地跳过了横在地上的大树。狼虽然紧跟其后，但它身体过重，没能跳过去，从树上滑了下去，“扑通”一声，四脚砸在了雪上，掉进了树下的深坑里。

而倒地的树干下面藏有一个熊洞！此时，正是熊冬眠的季节，它正在里面睡得迷迷糊糊呢！狼却突然从天而降，惊醒了它，它一下子跳了起来，顿时四周的雪啊，冰啊，树枝啊溅得满天飞，弄得到处都是，就像是一颗炸弹炸开了似的。惊恐的熊来不及多想，飞快地向树林深处逃去，大概它以为猎人来了，朝它开枪了呢！

狼一头跌进雪坑里，猛一下看见了这个庞然大物，这时候，它哪里还顾得上追赶母鹿，早已自顾不暇了，当然还是赶快逃命要紧啦。

而那只幸运的母鹿呢，早已逃得无影无踪了！

冬季的正午

一月的一个正午，阳光明媚，白色积雪装扮下的森林里静悄悄的，这时熊正在一个神秘的洞穴里酣睡呢！洞穴上面覆盖着被雪压弯了的高大的树木和一些低矮的灌木丛。恍惚间，眼前的洞穴就像是童话故事里那神秘的城堡，拱形圆顶、走廊、庭院、台阶、窗户、尖顶的塔楼，应有尽有。在阳光照射下，显得更加梦幻、离奇。上面覆盖着无数的小雪花，闪烁着钻石般耀眼的光芒。

忽然，一只可爱的小鸟，“哗”的一下，像从雪中跳出来一样，尖尖的小嘴，翘着尾巴，俏皮地扑扇着翅膀，飞上了云杉的树顶，发出清脆的叫声。这声音就像是一首悦耳动听的歌曲，传遍了整个森林。

此时，梦幻中白色的庭院里，那个神秘洞穴的小窗户上，经常露出一双迷离的、闪着微微绿光的眼睛，好像在说，难道春天来了吗？

拥有这迷离的眼睛的正是酣睡的大熊，聪明的熊在搭建冬眠用的洞穴时，总是会留出一扇小窗户。冬眠的时候，它的头朝哪一面睡觉，窗户就会开在哪一面，因为不知道什么时候树林会出什么状况，这样，它就可以随时观察外面的动静了。这一次，它起身看了看，还好，

什么也没发生，外面的世界依旧那样平静。于是，不一会儿，那双眼睛又从小窗户上消失了。

在冰雪覆盖的枯枝上，小鸟儿蹦跳着玩耍了一阵，可能感觉很无趣，于是又钻回了雪被底下。在那里，树根旁，有一个用苔藓和绒毛搭建的暖和无比的小窝呢！

小熊找妈妈

新年快到了，外面的天气越发寒冷。

天刚蒙蒙亮，一位老人坐着雪橇向森林驶去。他要为村里的俱乐部找一棵漂亮的枞树，以备新年的时候使用。

雪橇载着老人驶向森林深处，此时的森林里静悄悄的，听不到一点声音。老人把马拴在一棵树上，开始在无边的森林里寻找。

一棵漂亮的枞树跃入老人的视线，老人仔细端详了一下，就是这棵树了。他抡起斧头向枞树砍去，就在斧子砍到树干，发出“咔”的一声的同时，发生了令人吃惊的一幕：一只巨大的野兽从树下的雪地里弹跃而起，然后迅速消失在丛林深处。

原来，一只在树下冬眠的母熊被斧头砍伐树木的声音所惊扰。事情并没有到此结束，因为熊窝中还有一只正在吃奶的小熊。此刻，熊洞已经被受到惊吓的熊妈妈弄坏了，不断进入的冷空气将小熊冻醒了。

它不断哀嚎着，试图寻找妈妈的怀

抱，但是，熊妈妈早已经不见了。它从熊洞爬出来，在雪地中艰难地爬行。可能是饥饿和寒冷激发了小熊的求生欲望，它挣扎着站起来，蹒跚前行，也许能够找到一点食物。

可是毕竟它还很小，走起来东倒西歪的，再加上厚厚的积雪，使得小熊的前行艰难而缓慢。

突然，不远处大树旁边一只棕色的非常漂亮的小动物引起了小熊的注意，原来是一只长尾巴的松鼠，小熊笨拙地迈着步子向它走过去，可是，松鼠看到小熊后，迅速爬上了一棵大树。

小松鼠一瞬间就这样在眼前消失了，小熊十分落寞地坐在地上，无可奈何地晃了晃脑袋。看来，只有继续向前走了。

走着走着，它又发现了一只灰色的小动物。可是，这个小动物好像也不喜欢小熊，它看到小熊走过，就连忙钻进树丛里躲了起来。小熊有点生气了，为什么都躲着我？只见它加紧了脚步，跑上前一下抓住了这个想要逃跑的小家伙。可是，哎呀，这是什么呀？小熊的爪子被扎了一下，这个灰色的小家伙为什么浑身都是刺呢？疼得小熊叫个不停，它赶紧扔掉了这个扎手的家伙，向旁边跑开了。

就这样，它在树林里东游西荡地走着，时间就这样过去了，也不知道过了多久，它终于走累了，找了个自认为安全的地方坐了下来，休息片刻。可是肚子里依然空空的，而且越发的饥饿难忍，于是它开始在眼前的雪地上扒了起来。雪下面是冻土，但土上面依然残留着少许泛黄的草根、枯萎的花朵和一些干枯的野果。欣喜的小熊急忙把这些不怎么美味的东西塞进嘴里，不一会儿就吃饱了。

小熊不想留在原地，它还想找个好玩的地方，于是它选择继续前行。走着走着，还沉浸在喜悦中的小熊，并没有仔细观察脚下的路，一不下心，“咚”的一声，掉进了一个大坑。

隐藏在雪下的这个坑，里面住着蛇、青蛙和蟾蜍等一些动物，这里正是它们冬眠的地方，上面覆盖着一些枯树枝，所以不容易被发现。幸运的是小熊掉下来的时候，两条后腿碰到了一些粗壮的树根，于是，它紧紧地抓住这些树根，它就这样头朝下，整个身体倒挂在这个深坑里。这时候，蛇被惊醒了，发现了头上面倒挂了一个怪兽，惊恐之下发出“咝咝”的声音，一旁的青蛙则拼了命地“呱呱”叫着。看到下面的情景，小熊心里越发的害怕起来，但也是心里的害怕给了它力量，让它此时冷静下来想到了办法。它用两只后脚紧紧地抓住旁边另一些粗大的树根，然后晃动身体，用力地一荡，一下就从坑里出来了。上来后，惊恐的它并没有休息，而是拼了命地跑，一直到了一块空地上，它才停下脚步歇息了一会。

这时，小熊的肚子又饿了，它扒开附近的雪地，看看

是否能像上次一样那么幸运，找到好吃的食物来填饱肚子。出乎意料的是，下面竟然是一群小田鼠和它们的孩子，这些小家伙们居然在下面用一些低矮的灌木丛的枝条搭建了一个温暖舒适的窝，上面还冒着热气呢！

假如这只小熊年龄再大一些，它就会毫不犹豫地将这些小家伙吃掉。可是它只有三个月大，它只会用好奇的目光，看着田鼠向四周纷纷逃窜。

冬季的白天很短，天快黑了，此时，小熊突然想起妈妈，我不是在找妈妈吗？于是它加紧脚步，又在四周寻找起来，可是这一望无际的大森林里，要想找到它的妈妈可不容易啊！

天越来越黑了，小熊依然不停地在森林里瞎跑，这真是一个特别的除夕夜，整个天空乌云密布，一颗星星也没有，黑得什么也看不见。不觉间，天空中又下起雪来，白雪像棉花一样铺天盖地地撒向大地，小熊跑得身上开始热了起来，雪花飘落到它身上的时候，立刻就融化了，把小熊弄得浑身湿漉漉的。

看着一望无际的黑夜，小熊非常害怕，可是更可怕的事情正在逼近：一只硕大的动物正向它走来，吓得它连气都不敢喘了。于是，它轻声向前跑，可是，当它跑得正起劲的时候，不小心一头撞到了一个东西，它抬头一看，正是刚才的那个庞然大物！可怜的小熊吓得

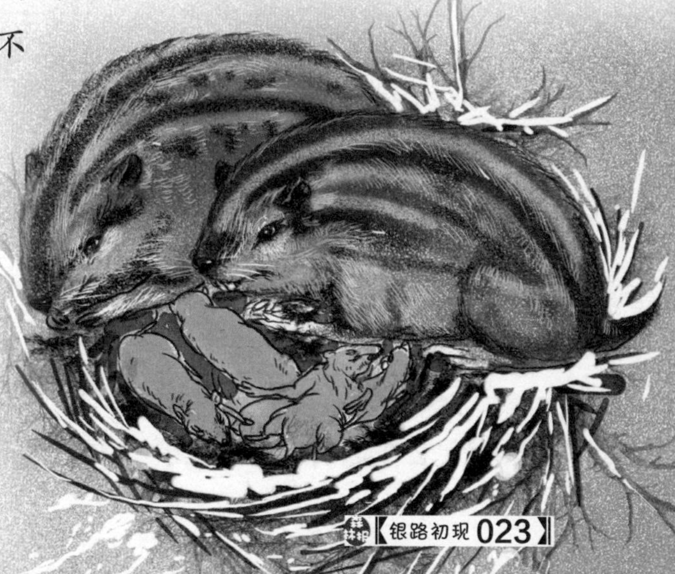

迅速往回一缩，不小心一屁股撞到了后面的大树上。

这个时候，小熊已经顾不得被撞痛的屁股，因为它知道，如果稍微迟缓一点，那个硕大的家伙会立刻冲上来把它吃掉，所以它必须在黑夜中离开这里。

恍惚间，小熊听到那个大家伙正在朝这边走过来，脚步声似乎离它越来越近。黑暗中，小熊颤抖着爪子紧紧地抓着一旁的树，它忍不住好奇地回头张望。

幸运之神还是很眷顾这只可怜的小熊，就在它回头的一刹那，一道闪电划过黑色的夜空，照亮了整个森林。虽然时间很短暂，但是足以让小熊看清楚那只大家伙的面目。

奇怪的是，小熊一边兴奋地喊叫着，一边向那个大家伙冲去。

原来，就是那瞬间的光亮，让小熊看清楚了对面那只大家伙就是自己的妈妈，而母熊也才弄清楚对方正是自己的孩子。

分离的母子此时又重新相聚在这黑夜笼罩下的大森林里，彼此都十分高兴。

就在这时，远处的钟声响了起来，那浑厚响亮的钟声响彻整个森林，向大家宣告着新的一年来到了。

森林里似乎都在庆祝新年的到来，沼泽地上的鸟在欢歌雀舞地鸣叫着，远处空中的云雀也同声欢唱着，重聚的母子幸福地紧紧拥抱在一起。

再后来，母子俩回到了它们温暖的洞穴，安心地住下来，小熊终于可以幸福地吃着妈妈的奶，而母熊依然悠闲地舔舐着自己那个美味的熊掌，就这样，它们继续幸福地生活着。

尽管这是一个发生在大森林里十分惊险的故事，可是和每个发生在新年里的故事一样，都有个幸福圆满的结局。

国外消息

《森林报》的编辑部里收到了一些从国外传来的消息，这些消息报道了从这里飞到远方国外的候鸟们生活的情况。

我们这儿著名的歌唱家——夜莺，它是在非洲中部过的冬，云雀去了埃及，椋鸟却没有一起出发，而是在冬天来临的时候，分批飞往了法国南部、意大利和英国。在那里，候鸟们并没有像在家乡那样整日高歌，俗话说：“在家千日好，出门一时难。”它们始终为了寻找食物而忙碌着，它们不垒巢，也不繁育后代，只是静静地期盼着春天的到来，到那时，它们就可以飞回自己的家乡了。

国家级自然保护区

在我们辽阔的土地上，也有一片同埃及一样的鸟儿的天堂，这个地方并不比非洲那里差。我们这里的水禽和沼泽地的鸟儿，冬天的时候都会到这里来过冬，它们和非洲那里的鸟儿们一样，生活得悠闲自在。冬天，我们这里也能看见很多火烈鸟和鹈鹕［tíhú］。它们和野鸭、大雁、鹬鸟、海鸥和猛禽在一起，和睦相处，快乐地嬉戏。

对我们来说现在是冬季，可是这里却不是真正意义上的冬天，这里没有想象中那样天寒地冻，风雪肆虐。和埃及一样，这里也有广阔的大海，蜿蜒的海湾，沿岸满是茂密的灌木丛和大片的芦苇地，还有平静的草原湖泊。所以，这里一年四季都有各种各样丰富的食物资源，以供鸟类享用。

这里现在已经成了自然保护区，不允许人们到这里来打鸟。鸟儿们都是辛苦忙碌了一个夏天后，来这里休闲度假的。

这个国家级自然保护区位于里海东岸，阿塞拜疆共和国境内，连柯拉尼亚附近。

埃及——鸟的天堂

埃及的冬天是鸟儿们的天堂。雄伟的尼罗河拥有成千上万条支流，广阔的河滩上，堆积了大量的淤泥，所以尼罗河流经的地方，满是肥沃的牧场和农田；沼泽地、淡水湖、咸水湖星罗棋布地布满了尼罗河畔；温暖的地中海那蜿蜒曲折的海岸线，形成了众多的海湾。这些地方，给鸟儿们提供了丰富的食物资源。夏天，这里的鸟儿原本就繁多，冬天一到，候鸟也加入进来了。

于是尼罗河畔和地中海海湾，簇拥的鸟群形成的场面非常壮观，就好像全世界的鸟都聚集到这里了。

放眼望去，湖泊上，尼罗河的支流上，各种水鸟簇拥在一起，密密麻麻，挤作一团，好像连水面都看不见了。长嘴巴，下面吊着个肉口袋的鹈鹕，正在和赤膀鸭、白眉鸭一起捉鱼吃呢；鹬鸟在华丽的火烈鸟之间走来走去。然而，当披着五彩斑斓的羽毛的鸟雕，或是白尾雕一出现，所有的鸟儿就向四面八方分散逃去。

这时候，假如有人在这儿开一枪，刹那间，那么多各种各样的鸟儿一起飞起来，这阵势就像突如其来的暴风骤雨一般；那么多各种各样的鸟一起鸣叫，就像成百上千面鼓同时敲响似的。瞬间湖面上映射出一大片阴影，原来天上的鸟群居然把太阳都遮住了。

冬日里，候鸟就如同度假般在这里幸福地生活着。

轰动南非的大事件

在非洲的南部，发生了一件很轰动的大事，传遍了整个世界。有一群白鹳飞到了这里，人们发现，在这些白鹳里，有一只非常特别，它的脚上套着一个金属环，好奇的同类们都停止脚步，从空中飞下来观看这个与众不同的同类。

当人们把它捉住后，发现它脚上面的金属环上面刻着："莫斯科，鸟类研究学会，A 组第 195 号。" 当地的报纸争相报道了这则消息，这时我们才知道，它就是前阵子被我们森林通讯员捉住的白鹳，我们也了解了，这么长时间，它都去过了什么地方。

科学家们就是用给鸟的脚上套环这样的方法，发现了许多不为人知的鸟类生活的秘密：它们如何过冬，飞往何处，会有怎样的路线等。

因此，世界各地的鸟类研究机构制作出各种各样、不同型号的铝制脚环，并在上面刻上相关信息，说明放环的机构，放飞的批次和编号等。如果途中有人抓住或是不小心打死了这只鸟，他们应该根据脚环上面的信息，通知相关的科研机构，并在报纸上公布这个发现。

农场里的新鲜事

打谷场上的山鹑

严寒季节，在冰雪覆盖的世界里，树木正处于沉睡的冬眠期。

树木的血液——流动在树木里面的树液，这时也冻结了。

一到了严冬季节，树林里的锯声就响个不停，整个冬天，人们都在砍伐木材。冬天森林里的木材是最好的，既干燥又结实耐用，这时伐木是最合适的。

成群结队的灰山鹑，飞到了村里的打谷场上，它们在这里暂时居住下来。严冬里，冰天雪地，这些灰山鹑根本找不到食物来填饱肚子，就算是翻开积雪，到雪下面去找，雪下还有厚厚的冰层，它们细细的爪子是根本扒不开冰层的，所以，只能飞到这里来碰碰运气了。

冬天里，想要捉灰山鹑是很容易的。但是这里的法律规定冬季禁止捕捉它们，善良的人们也不愿意伤害这些无助的生灵。一到冬季，聪明细心的人们就会想尽各种办法来喂食这些饱受饥寒的鸟儿，他们会在田野间，用云杉的树枝搭建一个小棚子，在下面放些燕麦和大麦粒，让那些可怜的鸟儿们到这个临时的食堂用餐。

就算是再寒冷的天气，不管是美丽的公山鹑，还是温顺的母山鹑，它们再也不会饿死了。到第二年的夏天，山鹑还会下蛋，孵出好多的小山鹑来呢！

耕雪的拖拉机

昨天，我去下面的村子里看望了一位老同学，他叫米沙，是村子里的拖拉机手。

给我开门的是米沙的妻子，她是一个很幽默、爱开玩笑的人。

“米沙还没回来呢！他呀，正在耕地呢！”她笑着说道。

我心想：又和我开玩笑，但是这玩笑也太离谱了。说米沙在耕地，这也太不可信了，连幼儿园小朋友都知道，冬天是不耕地的。

我也开心地顺着她的话说：“是在耕雪吧！”

“不耕雪，还有什么？当然耕雪喽！”

我当然要一探究竟了，于是，我便去地里找米沙。看见他时，只见他轰隆隆地开着拖拉机，拖拉机后面拴着一个又大又长的木箱，拖拉机向前移动，木箱把积雪推到了一起，变成了一堵厚实的高墙。

“米沙，这样做，有什么用呢？

“它可以挡风啊，堆砌这样一堵雪墙，可以防止风把雪地上的积雪吹走，要是没有了这些积雪，秋天播种的谷物会被冻死的。所以，为了保住雪地里的积雪，我只能用我的拖拉机耕雪喽！”

绿化带

绵延数公里的铁路两旁，耸立着一排排高大挺拔的云杉树，形成了一条长长的绿化带。这条绿化带可以保护铁路不受风雪的侵袭，防止积雪把铁轨掩埋。

每年春天，铁路工人们都会栽种从自己苗圃里培育出来的树苗，将这条绿化带不断扩大。近几年，他们已经栽种了大约 10 万棵云杉、洋槐和白杨，还有 3000 多棵果树。

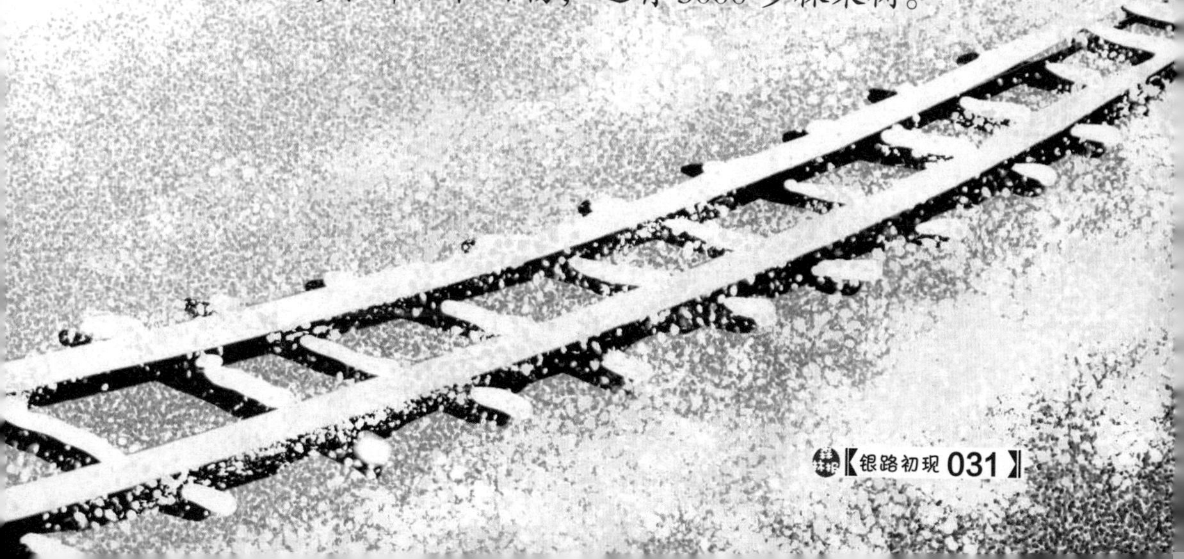

狩猎的故事

捕狼行动

备旗捕狼

村子里的山羊和绵羊总是受到侵袭或是丢失，因为村子附近出现了狼群。可是，村子里没有猎人，只好到城里请别人来帮忙捕狼。

这天傍晚时分，一队士兵乘着雪橇①进了村子，他们是专程从城里请来的猎手。他们所乘坐的雪橇上装着一个个卷轴，中间是一根粗大的棒子，上面缠满了绳子，绳子上每隔半米系着一面小红旗。

【注解】①雪橇：由木材或金属制成的雪地运输工具，人可以坐在上面，由狗或其他家畜拉着在雪地上滑行。

雪径追踪

在当地村民的指引下，士兵们在村庄的附近发现了狼的足迹，他们沿着雪地上的足迹一路追踪，最后发现狼进入了一片森林里。

从村子到森林边缘的这段距离，狼在雪地上留下了一条

直线形的足迹，不懂得分析动物足迹的人会认为，有一只狼从这里走过，可是经验丰富的猎手一看就知道，这些脚印并非一只狼留下的，而是一群狼留下的。

接下来的追踪更充分证明了这种判断，狼的脚印进入森林后，就分成了五列。经过仔细地分析，猎手们得出了结论：这是一个狼的家族，由母狼和公狼带领，另外三个成员可能是狼的孩子。

之后，猎手们分成两组，乘上雪橇，围着森林绕了一圈。然而没有发现狼走出森林的痕迹。由此可以判断，这群狼还藏在森林的某个角落，需要尽快围捕。

开始行动

猎手们做了分工，一组负责放绳子，一组负责将绳子固定在周围的树干上。工作明确后，猎手们开始行动。其中一组猎手拿出随身携带的卷绳轴，驾着雪橇轻缓地前行，绳轴也会随着转动，放出绳子，另一组猎手把绳子固定在身旁的小树上，并使绳子与地面保持20厘米的距离，绳子上的小红旗也随之展开，小旗迎风飘扬着，形成了一道亮丽的风景。

最后，这两组猎手在村子旁边会合了。他们居然用带有小旗的绳子把整个森林都包围起来。至此，行动的第一步做完，就等着第二天一早开始正式的捕狼行动了。

月 夜

那是一个寒气袭人的月夜。母狼醒了，它最先站起身来，紧接着公狼,最后是那三只只有1岁的小狼,慢慢地站了起来。

它们的周围是一片茂密的树林，天空中挂着一弯月亮，就像闪着余辉的落日一般。

此时，风清月朗，正是捕食的好时候，母狼高昂起头，朝着月亮嚎叫起来，接着是公狼低沉的吼声，然后是几只小狼稚嫩的声音。这种声音传到附近的村庄，家畜们也慌乱地跟着叫了起来。

饥饿的狼群出发了，母狼在前，后面跟着公狼和几只小狼。它们小心翼翼地向前迈着步子，后面的脚刚好踏在前面的脚印上，就这样，它们穿过了树林，朝村子走去。

忽然，母狼停住了脚步，公狼和小狼也站在了那里。警惕的母狼感觉到了危险，因为它灵敏的鼻子闻到了远处布片传来的气味。月光下，它隐约看到了远处树林边，灌木丛上那一串串飘动的布片。

经验丰富的母狼马上意识到，有布片的存在就说明有人在，也许，在森林的某个角落，有一双眼睛正在盯着它们。想到这里，母狼迅速转身，朝另一个方向逃离，公狼和小狼紧随其后。很快，它们就跑到了森林的另一边，但是，它们很快发现，这里也有成串的布片，像一个个嗜血的舌头似的在等着它们的到来。

狼群又选择了另一个走出森林的方向，就这样，它们在树林里来回奔跑着，可是森林的边缘到处都布满了可怕的布片。这时，聪明的母狼感觉到事情不妙，它带着公狼和小狼退到了树林深处，找到一个隐蔽处躺了下来。

没有办法，树林被包围了，只能饿着肚子。这些人究竟要干什么？天气越发冷了，又冷又饿的狼群显示出从未有过的焦急。

晨曦

天刚蒙蒙亮，人们分成两组出发了。

第一组为猎手，人数不多，每个人都穿着白色的外套。因为白色在雪地中可以起到很好的隐藏作用。他们来到了树林边，把拴在树丛上的绳子解下一段，放到了对面的山坡上，然后藏在树丛后面，每个人手里都拿着猎枪，只等狼群的到来。

第二队的人很多，他们是村里的农民，每个人手里拿着木棒，分散在森林的边缘一带。听到队长发出的讯号后，他们一起向森林进发，同时，口中大声吆喝着，手中的木棍不时地敲打着树干。

围剿

群狼正在树林深处打盹儿，突然听到森林的外边传来阵阵的吵闹声和敲击声。母狼“噌”地一下窜了起来，向着远离呼喊声的方向逃窜，公狼和小狼紧跟在后边。惊恐的它们，后背上的鬃毛都竖了起来，夹着尾巴，竖着耳朵，眼睛里透着凶狠的目光。

跑到森林的边缘，前面依然有布片阻挡；向后退呢，人们的叫喊声已经越来越近，敲打声也越来越响；只好再试试其他方向吧！到了林子边缘，真是太幸运了，这里没有红布条，它们快速往前冲出。

突然，树丛后闪起了火光，耳边也响起了枪声。公狼窜向空中，然后直挺挺地摔在地上，不动了。几只小狼见状，吓得不知所措地乱窜。它们也没能逃过士兵们精准的射击。但是，母狼却神秘地失踪了，人们四处搜寻，也没发现它的踪迹。从此以后，村子里再也没有狼来偷袭家畜了。

捉狐狸

再狡猾的狐狸也逃不过经验丰富的猎人那双锐利的眼睛。他们只要看一眼狐狸的脚印，就能准确地判断出它的踪迹。

塞索伊奇一大早就出门了。昨天夜里下了一场雪，地面上铺着一层积雪，几乎没有什么痕迹。但是作为猎手的他很快就发现了远处田地里有一行狐狸的脚印。雪下得不大，积雪不是很厚，脚印十分清晰，也很整齐。塞索伊奇——这位小个子猎人，不慌不忙地来到这些脚印旁，细心观察着。不一会儿，他拿出滑雪板，单膝跪在上面，弯起了一个手指，伸进雪地上狐狸留下的脚印里，比划起来，横量量，竖量量，然后看着脚印思考了一会儿，他才站起身来，又套上了滑雪板，沿着足迹向前滑去。他一边向前滑行，一边目不转睛地注视着这些脚印。脚印渐渐消失在一片灌木丛前。

他踏着滑雪板，穿行在灌木丛里。一会儿，他又来到了一片小树林，依旧那样不慌不忙地绕着树林滑了一圈。

可是他要从另一侧进入树林的时候，忽然又退了出来，急忙奔回村子去了。他的滑雪技术非常娴熟，没有滑雪棒，仅仅依靠脚下的滑雪板，也能在雪地上飞奔似地滑行。

冬日里的白天是短暂的，之前跟踪观察狐狸的脚印已经花费了近两个小时的时间。塞索伊奇心里暗自下定决心，今天非要抓住这只狐狸不可。

他向村子里另外一个猎手谢尔盖的家里滑去。谢尔盖的妈妈从窗户里看到了这个小个子猎人，于是她从屋子里走了出来，站在门口的台阶上，对他说："我的儿子没在家，也没告诉我他去哪了。"

塞索伊奇看着老太太，知道她在故意隐瞒实情，于是会心地笑了笑："我知道啊，他在安德烈那里。"

在安德烈家，果真找到了两位年轻人——两位年轻的猎手。他一进门，那两位小伙子就不说话了，一脸的尴尬，一时间不知说什么好，知道瞒不住了，谢尔盖从凳子上一跃而起，试图想掩盖那个棒子上拴满了小红旗的绳轴。

"嘿，孩子们，别藏了！"塞索伊奇一本正经地说道："我都知道了，昨天夜里，一只狐狸拖走了一只鹅，现在，这只狐狸的藏匿地点我也知道了。"

塞索伊奇直接戳穿了他们的秘密，弄得他们张口结舌。就在半个小时以前，谢尔盖遇到一位邻村的熟人。他告诉谢尔盖，昨天夜里，狐狸偷走了他们的一只鹅。听了他的话，谢尔盖急忙赶来告诉他的好朋友安德烈。他们刚刚正在商量着怎样去找那只狐狸，怎样能在塞索伊奇发现前下手，抓到狐狸。没想到，这时塞索伊奇就来了，而且连狐狸在哪里都知道了。

安德烈先开口说道："你听哪个多嘴的女人说的？"塞索伊奇笑着说到："女人，她们才不会关心这些事呢，恐怕她们一辈子也不会知道狐狸是住在哪里的，是我自己一早发现了脚印。现在让我来告诉你们，从它的足迹上看，首先，这是一只个头很大的老狐狸，因为它留在雪地上的脚印圆圆的，又深又清晰，而且很整齐，不像小狐狸那样，乱走乱踏。它是从村子里拖了只鹅出来，到了一处矮树丛，把它吃掉了，那个地方我已经找到了。第二，它是一只狡猾的公狐狸，身材肥壮，毛皮很厚，光这张皮，就很值钱呢。"

安德烈和谢尔盖互相使了个眼色。

"怎么？你说的这些难道都写在那些脚印里了？"

"当然喽！如果是一只瘦弱的狐狸，它连肚子都吃不饱，而这只公狐狸，年纪大，又狡猾得很，所以总是能找到吃的填饱肚子，当然会把自己养得肥肥壮壮的，它的毛肯定又厚又密实。而且它的脚印也不一样：吃饱的狐狸，走起路来很轻盈，像小猫一样，后脚会踩在前脚的印记上，地上的脚印清晰地排成一行。告诉你们吧，就这样的一张狐狸皮，在城里的收购站，人家肯定会给个大价钱呢！"

说到这，塞索伊奇停住了。

谢尔盖和安德烈互相又看了看，一起走到角落，叽里咕噜地商量起来，然后安德烈说："好吧，塞索伊奇，干脆直接说吧，你是来找我们合作的，是吗？要是这样我们同意，你看，我们一听到消息，连打猎用的小红旗都准备好了，原本还想在你之前行动的，现在我们合作吧！"

"好吧，我们还可以说定，如果第一次围猎得手的话，就算你们的。"小个子猎人十分大度地说，"但是如果让它跑了，第二次围猎一般情况下就抓不到了。因为这只老狐狸不是本地的，它只是路过而已，顺手偷走了我们的鹅，它随时都有可能离开。咱们本地的狐狸，没有这么大个的，这种狐狸，如果一次没打中，它只要听到了枪响，就会跑得无影无踪，休想再找到它。这样的小旗子，到时候也不会有什么作用，你们还是把它放在家里吧。对于这种老奸巨猾的家伙，经常会遇到让人围猎的情况，这种场面它已经应对自如了。”

可是，两个小伙子还是坚持带上小旗子，他们感觉这样更稳妥，更有把握些。

“好吧！”塞索伊奇点了点头，“希望我们能一举成功！”

谢尔盖和安德烈立刻做起准备来，他们扛出来一卷绳轴，并把它拴到了雪橇上。这时候，塞索伊奇还回了趟家，换了件衣服，还找来几个小伙子，让他们帮忙围猎。

三位猎人都在自己的大衣外套上又套了件白色的罩衫。

“我们现在是要去打狐狸，不是去打兔子！”路上，塞索伊奇不停地告诫大家，“兔子很迟钝，傻头傻脑的，可狐狸却机灵着呢！那灵敏的鼻子，伶俐的眼睛，有一点风吹草动，它马上就能察觉到，然后就跑得无影无踪了。”

很快，他们就到了狐狸藏匿的树林。塞索伊奇马上安排分工，后来的那几个小伙子就留在原地，谢尔盖和安德烈拿着拴有小旗子的绳轴绕着树林向左走，塞索伊奇则向右绕行。

分手前，塞索伊奇又提醒两个年轻人：“机灵点，一定要多留神，看看有没有狐狸跑出树林的痕迹。另外动作一定要轻些，千万可别弄出什么声音来，这是只老狐狸，它狡猾着呢，要是让它听见点什么动静，我们可就甭想抓住它了。”

不一会儿，他们就把树林围了起来，然后在出发点会合了。

塞索伊奇急切地问道："弄妥了吗？有没有发现它离开树林的踪迹？"

"弄妥了，我们仔细瞧过了，没有发现它逃走的踪迹。"

"我也没发现。"

他们留出了大约一百五十步宽的距离作为出口，没挂小旗子。塞索伊奇安排了两个年轻的猎手，帮他们选好最合适的守候位置，然后，自己踏上滑雪板，悄悄地回到了负责驱赶狐狸的人那里。

半小时后，围猎开始了。包括塞索伊奇在内的六个人，分散地进入包围圈，就像是一张大网向树林里包抄过去，他们边走边低声喊着，并且用木棒敲击树干。塞索伊奇走在最中间，其他人并排向前走。

树林里悄然无声，只能听见积雪从树上落下的声音。

塞索伊奇紧张地等待着那两个年轻猎手的枪声，虽然他十分了解这两个年轻人，但还是放心不下。有着丰富经验的他知道，这种狐狸实属罕见，一旦错过了，就很难再见到了。

他们已经走到了树林中间，却还没有听见枪响。

"不会啊，按时间计算，狐狸早该窜到出口那去了！"塞索伊奇一边侧身穿行于树干间，一边暗自担心起来。

终于走到了树林边，藏在树丛后面的安德烈和谢尔盖走了出来。

"没看见吗？" 塞索伊奇赶紧问道，这时候已经来不及压低声音了。

"没看见啊！"

这个小个子猎人一句话没说，转身就往回跑，他要去检查包围线，看哪里出了问题。

“喂，快过来！”几分钟后，塞索伊奇气呼呼地喊道。

于是，大家朝他呼喊的方向跑去，不一会儿就聚集到了那。

“你们算什么猎手？”他责备起这两个年轻人来，“你们不是确定没有看见狐狸跑出去的脚印吗？可这是什么？”

“兔子脚印啊！”谢尔盖和安德烈异口同声地回答道，“这我们还会认错吗？开始围猎的时候我们就看见了。”

“兔子的脚印，那里面的是什么？你们这两个年轻人啊，我早就告诉你们了，这只老狐狸可狡猾着呢！”

这两个年轻的猎手确实疏忽大意了，定睛仔细看去，在兔子那长长的脚印里，真是还包含着另外的脚印——比兔子的脚印更短，更圆。两个年轻的猎手仔细看了一会，才瞧出端倪来，和他们相比，矮个子的老猎人可是一眼就看穿了狐狸的花招呢。

“为了掩饰自己的行踪，狐狸是踩在兔子的脚印上走的，你们就没看出来吗？”塞索伊奇非常恼火，“你们看，它机灵得很呢！它每一步都正好踩在了兔子的脚印上，你们这两个自以为是的笨蛋，白白浪费了这么长时间！错过了机会！”

塞索伊奇命令其他人把那些小旗子留在原地不动，然后带头顺着脚印追去。大家也悄悄地紧跟在后面。

在一片灌木丛里，狐狸的脚印和兔子的脚印分开了，狐狸的脚印和早晨的脚印一样，还是那么清晰。

冬季里白天短、夜晚长，眼看着这阴沉沉的一天就要过去了，太阳半掩在紫色的暮霞里，大家都很沮丧，

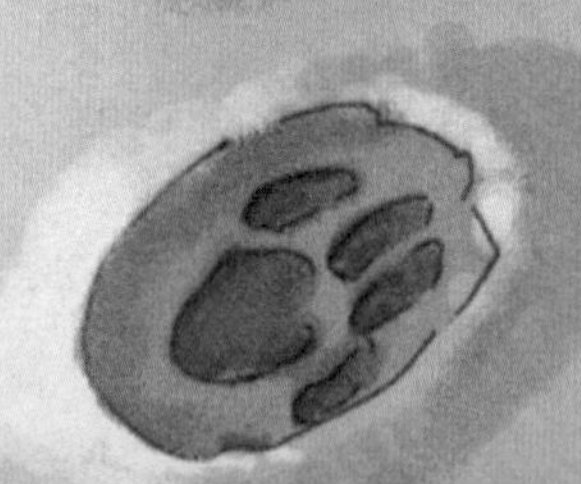

白白辛苦了一天！脚下的滑雪板也越发的沉重了。

在一片小树林前，塞索伊奇突然停住了，他低声说道：“老狐狸肯定在这里，看，往前5千米就是一大片旷野，没有树丛，没有小山。老狐狸最担心的是穿过这样的开阔地，所以我敢用我的脑袋和你们打赌，它准在这里！”

听到塞索伊奇这样说，两个年轻人立刻打起精神来，连忙把枪从肩上放了下来。

塞索伊奇吩咐安德烈带三个人从树林右侧包抄过去，让谢尔盖带两个人从树林左侧包抄过去，大家立刻行动了。

等大家走后，塞索伊奇独自一人悄无声息地钻到树林的中间。他知道，那里有一块林间空地。老狐狸绝不会待在一个毫无任何藏身之处的开阔地，但是无论它从哪个方向穿过小树林，势必都会经过这片开阔地的边缘。

在这片开阔地的中间，长着一棵高大的云杉树，旁边一棵已经枯死的云杉树正好倒在它的树冠上。

塞索伊奇的脑子里忽然闪过这样一个想法，顺着这棵倾斜的枯树，爬到那棵高大的云杉树上去，站在树上居高临下，无论狐狸往哪个方向跑，都能发现它。林间空地的周围长着一些矮小的云杉树，还有一些山杨和白桦树，或许还可以找到它藏匿的地方。

但是很快，这个矮个子的老猎人打消了这个念头。因为有爬树的这工夫，狐狸早就跑得没影了，而且在树上放枪也不方便。

一个树墩就在那棵大云杉树旁，并且在两侧各有一棵小云杉树。塞索伊奇站在这个树墩上，举起双筒猎枪，全神贯注地观察着周围的动静，随时准备着扣动扳机。

这时，塞索伊奇听见周围传来了其他人的声音，有着丰

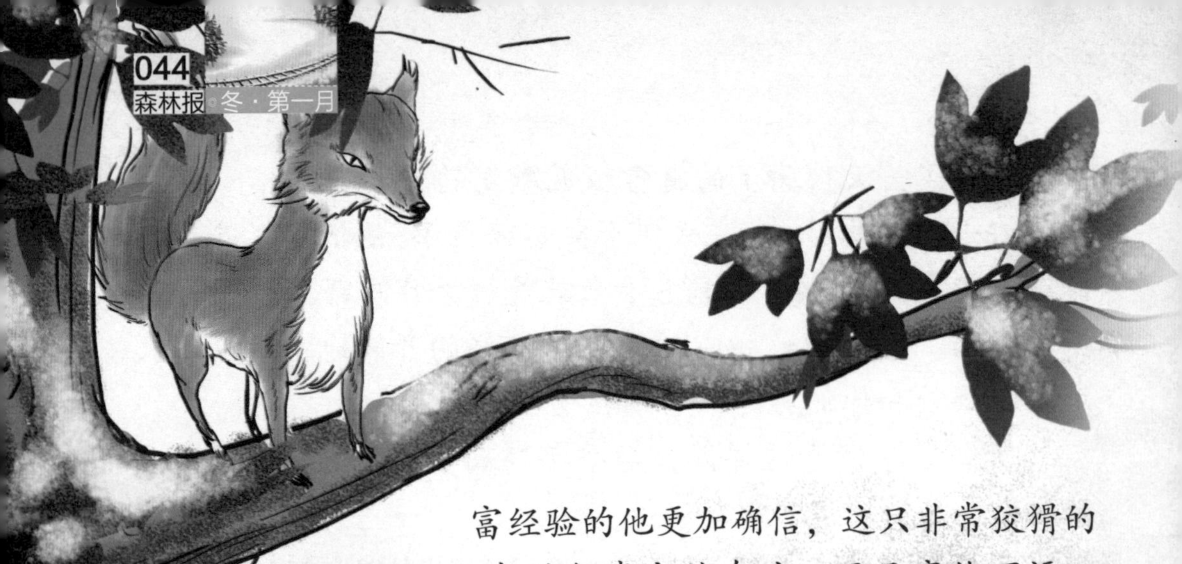

富经验的他更加确信，这只非常狡猾的老狐狸肯定就在这，而且离他不远，好像随时都会跑出来。可是，当褐色的毛茸茸的一团东西突然从他身旁两棵树间窜出来的时候，他还是抖了一下。当时他正耐心等待着，这个毛茸茸的东西却意外地窜了出来，跑到了开阔地上，他差点扣动了扳机。可是他没有，而且也不能，因为那团东西不是狐狸，而是一只兔子。

兔子这时蹲在了地上，警觉地抖动着它那长长的耳朵。

其他人的声音越来越近了，各个方向都能听到。兔子跑开了，进了树林，很快逃得无影无踪了。塞索伊奇又回到了紧张的等待中。

突然从右边传来了一声枪响。

打死了？还是打伤了？

又从左边传来第二声枪响。

塞索伊奇把枪放了下来，心想：不是谢尔盖就是安德烈，他们当中的一个肯定打中了狐狸。

过了一会儿，赶围的人从树林里出来了，走到了空地上，后面跟着谢尔盖，一脸尴尬的样子。

“怎么，没打中？”塞索伊奇沉着脸，皱着眉问道。

“它躲在树丛后面，我怎么……”

“唉……”

“快来看啊，它在这呢！”从背后传来安德烈的声音，还调侃道：“就说你逃不掉我的枪口吧！”

说着他走了过来，把一只打死的兔子扔到塞索伊奇脚下。

塞索伊奇张大着嘴巴，刚要说些什么，就把嘴闭上了。弄得猎手和赶围的人们莫名其妙地看着他们三个人。

“好吧，算了！我们都各自回家吧！”最后，塞索伊奇平静地说道。

“狐狸呢？”谢尔盖问道。

塞索伊奇却反问他：“你看见狐狸了吗？”

“没有，没看见啊！我也只是打了只兔子，但是，说不定它现在还在哪藏着呢，我们……”

塞索伊奇无可奈何地挥挥手，幽默地说道：“我看见了，它呀被一只小山雀带到天山去了！”

大家走出了空地，小个子猎人故意放慢了脚步，走在最后面。这时天还没有完全黑下来，所以还能看见地上的印记。

塞索伊奇又绕着空地走了一圈，一步一步走得很慢。

狐狸和兔子进入空地的脚印都清楚地印在地上。塞索伊奇瞪大眼睛，仔细观察着狐狸的脚印。

不对，狐狸并没有踩着自己的脚印往回走，而且狐狸也不会这么做，它们没有这样的习惯。

不论是狐狸的还是兔子的，没有任何走出空地的脚印。

怎么回事呢？塞索伊奇在树墩上坐了下来，双手捧着脑袋琢磨起来。忽然，他的脑海中闪出一个念头，狐狸会不会是在空地上打了个洞，藏到洞里去了呢？这一点，怎么就没想到呢？

可是，当塞索伊奇想到的时候，天已经黑了。这样的黑夜里再想去找寻狐狸的藏匿地点，那可是难上加难了。

没办法，塞索伊奇只好先回家去了。

动物们有时候会给人类出很多难以解开的谜题，很多人会就此放弃，但是塞索伊奇不会，即使是面对一向以狡猾闻名的狐狸，这位老猎人也要弄个明白。

第二天早晨，塞索伊奇又回到了那片小树林里的空地上，昨天狐狸在这里莫名地失踪了，今天他再次来看看，这回，还真发现了狐狸走出去的脚印。

塞索伊奇沿着脚印向前走去，想找到那个神秘的藏身的洞穴。可是，狐狸留下的脚印却把他带到了林间空地的中央。

只见一行十分清晰整齐的脚印，一直通向那棵倾斜的枯云杉树旁，然后沿着树干一直向上，最后消失在大云杉树那茂密的枝叶间。终于让他发现了，在离地面大约八米高的地方，长有一根粗大、繁茂的树枝，上面一点积雪也没有，很明显，上面有动物曾经爬过的痕迹，把上面的积雪震落了。

原来昨天，当塞索伊奇在这里守候老狐狸的时候，老狐狸就藏在他的头顶上。这时候塞索伊奇在想，如果狐狸懂得嘲笑别人的话，昨天它一定在嘲笑面前这个愚蠢的猎人，笑得前仰后合吧。

不过，亲身经历过这样的事情后，塞索伊奇更加坚信，狐狸居然能想到爬上树来藏身，那么嘲笑人类对它来说也不是不可能的事了。

呼叫天南地北

《森林报》编辑部呼叫各地

注意！这里是《森林报》编辑部，正在向你们呼叫！

今天是12月22日——冬至日，我们将要发出本年度最后一次无线电报。

我们诚挚地向苔原、草原、森林、沙漠、山峦、海洋发出呼叫！

今天是一年中白天最短、黑夜最长的一天，在这个隆冬之际，请你们讲讲，现在你们那里都发生了些什么事好吗？

来自北冰洋北极群岛的回应

现在，我们这里是漫漫长夜，正是黑夜最长的时候。太阳暂时告别了我们，幸福地落到海洋里去了，而且在春天到来之前，它也不会再露面了。

海洋上到处覆盖着坚冰，岛屿的苔原上也布满了积雪。

在这样的严冬里，还有谁会留下呢？

在海洋冰层下面还生活着海豹。当冰层还比较薄，没有冻结实的时候，海豹们会在冰层上给自己开一个通气孔，一旦冰重新冻住气孔的时候，它们会用嘴再去打通，使这些气孔始终保持通畅。海豹们通过这些气孔来呼吸外面的新鲜空气，有时也会从一些较大的气孔爬到冰面上来，休息一下，睡上一觉。

这时候，公北极熊就会悄悄地向它们靠近。对公北极熊来说，它们不用像母北极熊那样，冬日里需要钻到冰窟窿里去冬眠。

积雪覆盖的苔原上，生活着一种短尾巴的旅鼠。它们会在积雪下挖出一条条通道，啃食埋在雪下的细草。看上去，它们似乎很安全，事实并非如此。这时候，雪白的北极狐可以用它那灵敏的鼻子嗅出它们的气味，找到它们，还可以把它们从雪地里刨出来饱餐一顿。

在这里，北极狐还可以吃到一种美味，那就是苔原上越冬的岩雷鸟。当岩雷鸟钻到雪下睡觉的时候，鼻子灵敏的北极狐，同样也能十分容易地捉住它们。

除了它们，冬天我们这里几乎没有其他的动物了。原本生活在这里的驯鹿，都离开这寒冷的岛屿，跑到森林深处去过冬了。

这里的冬季，始终是漫漫长夜，没有太阳，没有白昼。在这样漆黑的夜里，我们能看到些什么呢？

当然能了。原来，这里即使没有太阳，却依旧很明亮。第一，这里的夜空月光皎洁。第二，这里经常会出现只有北极地带才会出现的神奇现象——北极光。

这种神奇的光，总是变幻着各种各样的颜色，神奇而夺目。有时它像一条绚丽的彩带，从北极方向飘散开来，瞬间布满了天空；有时它像瀑布，飞流直下；有时它像一根柱子或是一柄长剑直指苍穹。那洁白纯净的积雪，在北极光的映照下，相映成趣，发出耀眼的光芒。这时候，整个岛屿，一片光亮，就像白天一样。

天气冷吗？当然啦！冷得可怕！有凛冽的寒风，有肆虐的暴风雪。一旦暴风雪袭来，我们的小房子就会整个埋在雪里，而我们一连六七天都无法出门。不过，生活在这里的我们是最坚强、勇敢的，每一年，探险队员都会向北冰洋的更北部进发，他们早已开始探索这神奇的北极了。

来自高加索山区的回应

在我们这里没有冬季和夏季的区别，夏天里会有冬天，冬天里会有夏天。

在这儿，即便是夏季，那高耸入云的山峰上，也都长年覆盖着冰雪，像卡兹别克山和厄尔布尔士山那样雄伟的山峰，就算是夏天的烈日也融化不了山顶上长年的积雪和冰岩。奇怪的是，这些山峰又像一面屏障，为低谷和海滨挡住了冬日里的严寒：山谷里依旧百花盛开，枝叶繁茂；海岸上依旧波涛汹涌。

冬日的严寒，只能把羚羊、野山羊、野绵羊从山顶赶到山腰

而已，它们不会走远，因为山下远比山上暖和，如果山上下雪，那么山下、山谷、平地里则下的是雨。不久前，我们还在自己的果园里摘了柑橘、橙子、柠檬等水果，并且把这些水果交给了国家。而我们的花园里呢，依然是玫瑰花开，蜜蜂、蝴蝶飞舞。在有阳光照射的那片山坡上，第一批春花已经开放了，在这个季节开放的，有白色花瓣、绿色花蕊的雪莲花，金黄色的蒲公英。总之，我们这儿，一年四季，鲜花不断，连母鸡也会整年下蛋。

到了冬天，山上没有什么食物可提供给那些飞禽走兽，它们也不用远走他乡，只需要从山顶转移到半山腰，或是山脚下、谷地里。在这里，它们可以找到充足的食物，以满足温饱。

每到这个季节，我们高加索都会迎来很多为了躲避北方严寒的"客人"呢！

到这来的"客人"有苍头燕雀、椋鸟、云雀、野鸭，还有长长嘴巴的勾嘴鹬。

尽管今天是冬至日，是一年中白天最短、黑夜最长的一天，但是，新年就快到了。这里的新年，白天的阳光更加灿烂，夜晚满天的星斗更加美丽。在这里，即使不穿大衣出门，也会感觉很暖和。白天，我们可以观赏高耸入云的群山；夜晚，可以观赏满天星斗。明月当空，在我们脚下是泛着微波的大海。

来自黑海的回应

这里的秋季，常是多风天气。暴风雨来袭，巨浪拍击着海岸边的岩石，发出轰隆隆的怒吼；只看见浪花被高高抛起，顷刻间又飞溅下来，落到岸上。到了冬天，暴风雨早就过去，强风很少来打扰我们了。黑海的海浪轻轻地拍击着海岸，轻柔地冲刷着岸边的鹅卵石，发出似瞌睡声般懒洋洋的声音。平静幽暗的海面上，倒映着一弯皎洁的新月。

黑海没有真正意义上的冬天，只是海水会略微变凉一些，北海岸一带会结一些薄冰，但时间不会很长。这里的大海，一年四季都在狂欢。快乐的海豚在海浪里自由嬉戏着，黑鸬鹚［lúcí］在水中钻进钻出，时隐时现，白色的海鸥在海面上空自由自在地翱翔。海面上长年有各种船只航行。有大型的轮船和汽船，有飞奔急驶的摩托艇，有轻便的小帆船。

一些鸟将这里作为越冬地。有潜鸟、野鸭，还有浅红色的鹈鹕，它们长嘴巴下面那个大肉袋能装下好多鱼呢！

在我们这里，冬天也会像夏天一样热闹，一点也不寂寞。

来自顿巴斯草原的回应

这里有时候也会下点小雪。而且冬天不是很长，也不那么寒冷，甚至有些河流都不结冰。

从远方飞来的野鸭聚集在这里，在此栖息，不再往南飞了。从北方飞来的白嘴鸦也停留在这里的城市或是村镇里。在这里，它们能找到充足的食物，一直到来年的三月中旬，才会动身返回家乡。

飞来我们这儿过冬的，还有从苔原飞来的“小客人”：有雪鹀、角百灵，还有个头很大的雪鸮。雪鸮原本是夜间捕食的，但是在这里，它们习惯了白天出来捕食，因为它们要适应极地苔原上的生活。要知道，冬天的苔原是没有黑夜，整日白昼的。

空旷辽阔的草原上覆盖着皑皑白雪，冬日里，地里没有什么活儿，但是在地下，人们要干的活可多着呢！矿工们正在深深的矿井里用机器采煤，然后用电力升降机输送到地面上，再用火车把煤运到全国各地，送到工厂里。

来自新西伯利亚大森林的回应

冬天里的大森林覆盖了厚厚的积雪。猎人们踏上滑雪板，成群结队地向森林进发了。他们后面拉着一辆辆轻便的雪橇，上面带着一些食物和必需品。前面带路的则是那些善猎的北极犬，它们个个都竖起尖尖的耳朵，卷曲着蓬松的尾巴。

大森林里有不计其数的淡蓝色的松树、珍贵的黑貂、毛茸茸的猞猁、净白的雪兔、庞大的驼鹿、棕色的鼬鼠——上好的画笔就是用这种小兽的毛制作的。还有白鼬。以前，沙皇的皮斗篷就是用白鼬的毛皮缝制的，现在，人们通常用它来制作小孩的帽子。另外还有赤狐和白狐，当然还有无比美味的花尾榛鸡和松鸡。这时候熊早就在它那神秘的洞穴里冬眠了。

猎人们往往在大森林里住上几个月都不出来，在那里的小木屋中过夜。冬日里的白天很短暂，所以猎人和他们的北极犬们就会在这短暂的时光里忙个不停。猎人们张网，设陷阱以捕捉各种动物。而北极犬们则是边走边看边闻，到处寻觅松鼠、松鸡、鼬鼠和驼鹿，或者是睡得正香的熊。

狩猎结束，猎人还是结队出发走出大森林，此时他们的雪橇上已满是猎物。

来自卡拉库姆沙漠的回应

沙漠在人们的印象中就是荒原，但是春秋两季的沙漠并不荒凉，到处充满了生机。

到了冬夏两季，沙漠才真正是荒原，死气沉沉。夏天，就只有阳光的暴晒和一片沙的海洋；而冬天同样就只剩下严寒，其他一无所有。

冬天一到，鸟兽们飞的飞，跑的跑，都纷纷逃离这个可怕的地方。每天清晨，依然会有那耀眼的南方的太阳从这空旷无垠的雪原上升起，但却是徒劳的，没有任何鸟兽来欣赏这一切。即便积雪消融了，又会怎么样，积雪的下面只有漫漫的黄沙，而乌龟、蛇、蜥蜴、昆虫等动物，还有一些温血动物，老鼠、黄鼠、跳鼠之类的啮齿类动物，早就钻进沙漠的最深处，冬眠去了。

狂风在荒原上肆意，这种状态终有一天会改变。人类正在积极地努力着：在沙漠中开凿水渠，植树造林。今后，即使在冬夏两季，沙漠里也会到处充满生机。

竞赛场

看谁又快又准

1. 冬季从哪一天开始?

2. 冬天的时候，树木会生长吗?

3. 狐狸和鼬鼠都不会吃的小动物是什么?

4. 哪种野兽的脚印更像人类的脚印?

5. 一只脚受了伤的野兽走路留下的脚印，和一只脚没有受伤的野兽的脚印相比，两者有什么区别?

6. 喜欢成群结队出行，夜晚的时候还会举头干嚎的动物是什么?

7. 冬季里哪些鸟会在雪地上过夜?

8. 猎人为什么最重视初雪后的打猎?

竞赛场

竞赛场答案

1.12 月 22 日，这一天白天最短。

2. 不生长。冬天的时候，它们处于休眠状态，暂时停止生长。

3. 鼩鼱，因为它的身上会发出一种刺激性的气味。

4. 熊的脚印。

5. 腿受伤的动物留下的脚印浅。

6. 狼。

7. 黑琴鸡、山鹑、花尾榛鸡在雪地上过夜。

8. 因为刚下过雪后，雪地上的脚印是新的，可以通过这些脚印顺利找到野兽。

森林报

冬季第二月
忍饥挨饿

1月21日至2月20日

太阳进入宝瓶殿

冰雪孕育的生命

一月是从冬季向春季的过渡，也是新年的开端。

新年刚刚开始，白天一天比一天长了。

皑皑白雪覆盖了大地、森林、冰面，四周一片寂静，仿佛整个世界都在沉睡。

在这个特殊的季节里，面对眼前的困难，各种生命都会采取各自的方式保护自己。花草树木都停止了生长发育，但是，仅此而已，它们并没有真正的死亡。覆盖在白雪下，它们在雪中努力地积蓄着顽强的生命力。比如松树和云杉就小心翼翼地把它们的种子保存在如小拳头般的球果里。

冷血动物都躲藏起来冬眠了，在这样的天气下，它们被冻得僵硬了，不动了，但是它们还活着。像螟蛾这样的小动物，只是躲到更加安全的避难所去了。

鸟类的血液很热，特别耐寒，所以它们不用冬眠。同样，很多动物都不需要冬眠，比如像小不点儿的老鼠，整个冬天在森林各处窜来窜去。还有更奇怪的事情呢！睡在深雪下熊洞里的母熊，在严寒的一月里，居然产下了一窝睁不开眼睛的小熊仔。尽管母熊整个冬天不吃不喝，却依然有乳汁喂养自己的熊宝宝，一直喂到来年开春，这难道不是很奇怪吗？

寒冷无比的树林

寒风在旷野上肆意地游荡，穿梭在光秃秃的白桦林和白杨林中。它能钻进鸟类那紧密的羽毛里去，似乎把它们的血都吹凉了。

到处都被冰雪覆盖，鸟类不能站在地上，也不能立在枝头上，它们的小脚爪都快被冻僵了，只能跑一跑，跳一跳，飞一飞，想尽各种办法来取暖。

冬天一来，有些动物给自己准备了温暖、舒适的洞穴或窝儿，还有从秋天就开始储备的粮食。如今，它们正舒服地躺在窝里，吃着仓库里储备的粮食，过着幸福的日子呢！吃饱后，它们还可以把身体蜷作一团，美美地睡上一觉。

吃饱了才不怕冷

对许多动物来说，只要吃饱了，肚子不饿，就不会害怕寒冷。饱餐一顿后，食物会在身体内部产生热量，使血液升温，这股温暖会顺着血管流遍全身。外面，有紧密的羽毛这样温暖的大衣，皮下脂肪则是最好的内里。即使寒风能透过毛皮，钻进羽毛，但也绝不会穿透皮下的那层脂肪。

如果树林里有充足的食物，那么对于鸟类来说，冬天就不那么可怕了。可关键是冬天它们到哪里去寻找食物呢？

狼和狐狸在森林里四处奔走，饥饿使它们努力地寻找着食物。可是，森林里依旧空空的，眼下寒冬里，小动物们该藏的藏，小鸟儿们也早飞走了。白天，森林的上空，乌鸦飞来飞去；夜晚，鹰类来回盘旋，它们也都在寻找着食物。但是，哪里有食物呢？

冬天，留在森林里的鸟兽们就只能忍饥挨饿了！

共同分享

树林中，几只乌鸦发现了一具马的尸体。

“哇！哇！”飞来了一大群乌鸦，它们正准备享用这丰盛的晚餐。

天色渐渐暗下来，已近傍晚时分，月亮出来了。

忽然树林里传来一个声音：“呜！呜！”

原来是一只小鹰向马的尸体飞来，乌鸦们看见小鹰，吓得赶紧飞走了。

只见小鹰用钩嘴撕着肉，耳朵不停地抖动，圆圆的眼睛不停地眨着，这时，雪地上传来沙沙的脚步声，小鹰吓得飞上了树。

一只狐狸来到了尸体前，大口大口地吃起来，发出阵阵咔嚓咔嚓的声音。可是它还没来得及吃饱呢，狼就来了。狐狸快速地逃进了灌木丛里。狼扑向眼前的美食，兴奋地竖起了浑身的毛，它的牙齿像小刀一样，撕扯着马肉，喉咙里还发出“呼噜呼噜”的声音。吃了一会，它抬起头来，把牙齿咬得咯吱咯吱响，像是在警告大家：“别过来，别靠近！”然后，又大口吃了起来。

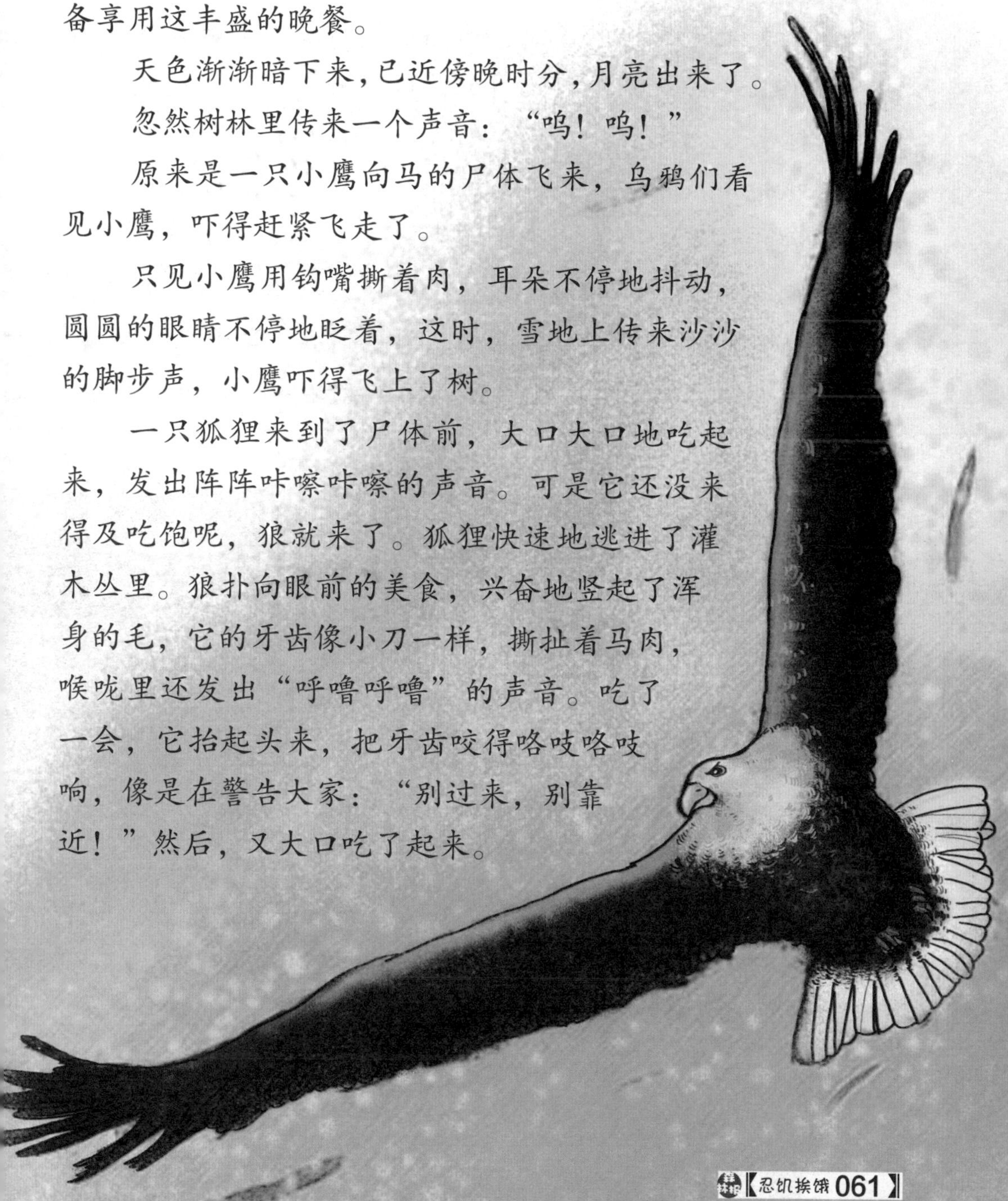

突然，传来一声沉闷的怪叫，吓得狼“咕咚”一声跌了一个屁股蹲儿，急忙夹着尾巴，头也不回地逃走了。

原来是森林的霸主——熊晃悠悠地来了。

这回谁也别想走近享用美味了。

熊美美地一直吃到了黑夜将尽、天快亮的时候，才去睡觉。可是狼却在不远处，夹着尾巴静候多时了。熊刚走，狼便走了过来。

狼吃饱了，狐狸走了过来。

狐狸吃饱了，小鹰又飞了回来。

小鹰吃饱了，那群乌鸦才飞了回来。

等乌鸦们再次聚拢准备享用美食的时候，天已经快亮了，这丰盛的一顿大餐，早已被瓜分殆尽，就剩些残余的骨头了。

过冬的芽

现在这个时候，所有的植物都在休眠中，但同时它们也在为迎接春天的来临而准备着，所以，它们已经开始孕育新芽了。

那么，嫩芽是在哪里过冬的呢？

高大的树木，它们的芽是在树木的枝头过冬，而草类的芽过冬的方式则各有不同。

有一种名叫繁缕[1]的植物，它的芽是在枯茎的叶脉里过冬的。刚进入秋天的时候，它的叶子就枯黄了，整棵植物看上去像死了一样，其实整个冬天，它的芽是活着的，而且颜色是绿色的。

【注解】① 繁缕：茎叶有毛，花为白色，很小，呈星状。

蝶须、卷耳、筋骨草等其他一些低矮的小草，不仅把它们的芽保存在积雪下，而且连它们自己也保护得完好无损，准备穿着崭新的碧衣迎接春天。

这些小草的芽虽然离地面不高，却是在地上过冬。草莓、蒲公英、三叶草、酸模、蓍草等，它们的芽也是在地面上过冬。不过，这些芽会有一簇簇的绿叶包裹着。它们准备在来年春天雪融化之前，从雪里露出崭新的碧衣。

有些植物的芽则是在地下过冬的。像去年的艾蒿、牵牛花、草藤、睡莲、驴蹄草等，到了冬天，只能见到它们几乎腐烂的茎叶，其他什么也没有，而它们的芽呢，这就需要到土里找了。

银莲花、铃兰、舞鹤草、柳穿鱼、柳兰、款冬等的芽，是在地下根茎上；熊蒜、顶冰花等的芽，是在地下鳞茎上，紫堇的芽则是在地下块茎上过的冬。

陆地上生长的植物的芽，大多数都是这样过的冬，而水生植物的芽，则是埋在水底或是在湖底的淤泥里过冬的。

不遵循森林法则的居民

现在正逢隆冬时节，森林中有这样的法则：冬天里最重要的事是如何应对寒冷和饥饿，而繁育后代是夏天的事，因为夏天温暖，食物又充足。

但是，如果这时候有充足的食物，那么可以不遵循这样的法则。

我们的森林通讯员在一棵高大的云杉树上，找到了一个小鸟的窝。虽然这时候树枝上挂满了雪，就是这种建在树枝上的鸟窝里，居然还有几个小小的鸟蛋。

第二天，我们的通讯员又来到这儿观察。当时天气冷极了，人们的鼻子冻得通红，可是他们再往窝里一看，居然已经孵出了几只雏鸟，紧闭着眼睛，光溜溜地躺在积雪中。

真是太不可思议了，怎么会有这样的事情呢？它们居然出生在这冰天雪地之中。

其实这并不奇怪。这是一对交嘴鸟在这里建了窝，并且在这里孵出了它们的孩子。

交嘴鸟既不害怕冬天的寒冷，也不害怕冬天的饥饿。

在森林里，一年四季都能看见成群结队的交嘴鸟，它们欢快地相互召唤着，不停地从这棵树飞到那棵树，穿梭在树林中。因此，一年四季，它们就这样过着居无定所的生活。

到了春天，所有的鸟都在为选择配偶而忙碌着，找到另一半后，它们就会选好一个地方，定居在那，繁育后代。

可是交嘴鸟却不同，这时候，它们成群结队地在林中乱飞，并不在任何地方定居。

交嘴鸟喜欢热闹，过着老幼群居的生活，再加上它们没有固定的居所，所以它们的雏鸟就好像出生在天空中一样，然后慢慢长大。

雄性交嘴鸟的羽毛是红色的，而且颜色深浅不一。雌交嘴鸟和幼鸟的羽毛是绿色和黄色的。

交嘴鸟的脚爪很有力，擅长抓握，嘴则很擅长叼东西。它们喜欢头朝下，尾巴朝上，用两只脚爪攀住上面的树枝，用嘴咬住下面的树枝，就那么头朝下倒挂着。

更为奇怪的是，交嘴鸟死后，它的尸体很久也不会腐烂。有的老交嘴鸟的尸体可以保存二十多年，连一根羽毛也不会掉，也不会发臭，就像木乃伊一样。

交嘴鸟的嘴也是很有趣的，和其他任何一种鸟都不同。交嘴鸟的嘴是上下交错的，上面的向下弯，下面的向上弯。交嘴鸟的全部本事，可全靠它这张嘴创造出来的。

交嘴鸟刚出生的时候，它的嘴和其他鸟类是一样的，也是直的。可是它略大一点后，就开始啄食云杉树球果和松树球果里面的种子。于是，它那软软的嘴巴就渐渐变得弯曲了，而且交叉起来，之后就一直这样了。这种嘴巴对于交嘴鸟来说很

有好处，它可以轻而易举地从球果里掏出种子来，方便极了。

为什么交嘴鸟要在树林里飞来飞去，流浪一生呢？

因为它们要四处寻找球果最多的地方。今年，我们这里球果丰收，它们就飞到我们这来了。明年，如果北方的什么地方球果丰收，它们就会飞到那去。

为什么交嘴鸟在这冰天雪地的冬天里，还要唱歌和繁育后代呢？

因为冬天树上都挂满了它们爱吃的球果，它们为什么不尽情歌唱，不繁育后代呢？而且它们的窝里铺满了绒毛、羽毛和一些柔软的兽毛，暖和极了。雌交嘴鸟只要生下第一枚蛋，就不再出窝了，雄交嘴鸟负责到外面去寻找食物。

雌交嘴鸟在窝里，用体温孵着蛋，给蛋保暖，等雏鸟出壳后，雌鸟就会把储存在自己嗉囊里的松子和云杉子吐出来，喂到雏鸟的嘴里。还好松树和云杉树一年四季都会结球果，它们不用为了食物而发愁了。

为什么交嘴鸟死后会变成木乃伊呢？

那是因为它们以球果为食，松子和云杉子里含有大量的松脂，而长年吃这些的交嘴鸟们，身体汲取了大量的松脂，就像是皮靴被柏油浸透了一样。使它们的身体不腐烂的，正是这些松脂。

空中的神秘熊窝

深秋时节，一只熊仔在一个长满了云杉的小山坡上，选好了一块地方，准备建造一个舒适的洞穴来冬眠。它先是用爪子从云杉树上扒下来一些长条形的树皮，再叼到小山坡上的坑里，然后又铺上了一些软和的树叶。它又啃倒了坑周围的一些小云杉树，使这些小云杉树像个小棚子那样把坑盖起来。最后熊仔钻进去，美美地睡上一个冬天。

但是，过了不到一个月，它的洞就被一个猎人找到了，熊仔好不容易才从猎人手下逃脱。没办法，它只好径直躺在地上冬眠，但是，又被猎人发现了，它又一次幸运脱险。第三次，它又藏了起来。这回它藏得可隐秘了，猎人怎么也不会想到它会藏到那里去。

到了第二年春天，人们才发现，它在一棵高大的树上安稳地睡了一冬。这棵树好像以前被大风吹折过，于是便倒着生长，树桩上形成了一个坑。夏天时，大雕叼来干树枝和软草，铺在里面，等孵完雏鸟后，就飞走了，留下了个空的窝坑。于是，这只受了惊吓的熊，便找到了这个温暖、舒适、安全的空中巢穴。

搬出森林的鼠群

到了这个时候，生活在森林的许多鼠类，储备的粮食已经不够了，而且它们还要躲避白鼬、伶鼬和林鼬等其他一些食肉动物的追击，所以它们纷纷离开自己的洞穴，逃出了森林。

但是，这时候，森林和大地还都覆盖着冰雪，饥饿的老

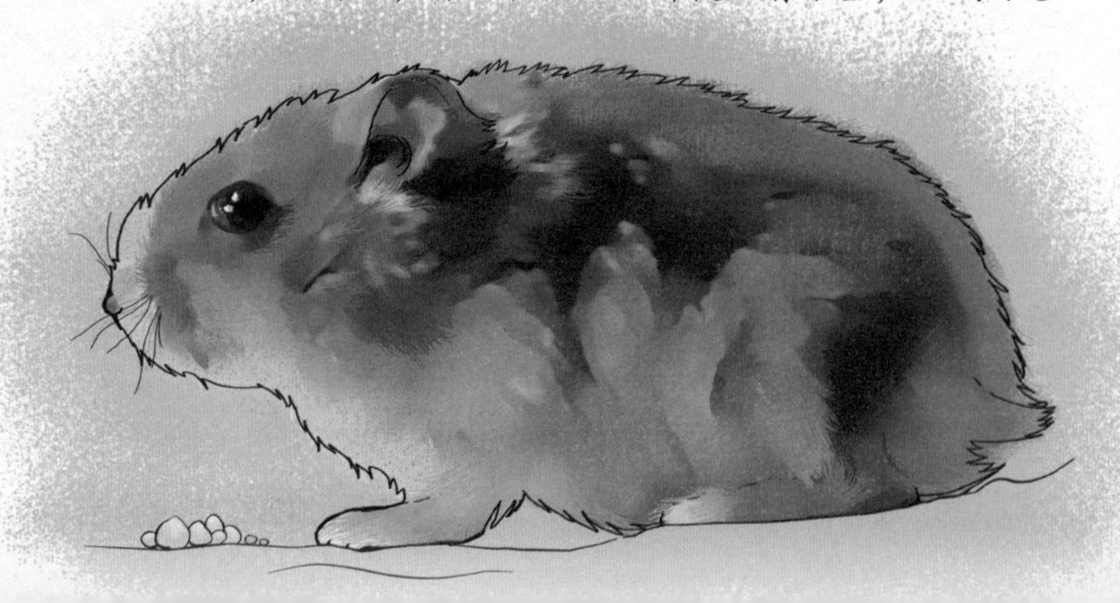

鼠成群结队地向森林外逃窜。而森林外村子里的谷仓，就要遭受损失了。

当然，会有伶鼬等其他动物顺着它们的足迹追击过来，但是，伶鼬的数量太少了，没有办法把老鼠捉完。

请大家保护好粮食，避免受到这些啮齿类动物的侵袭。

小木屋的山雀

在食物紧缺、忍饥挨饿的日子里，飞禽走兽都会向人类的居住地靠近。因为那里可以很容易地找到食物，从人们丢弃的垃圾中，就可以找到吃的来填饱它们的肚子。

相对于恐惧来说，这些森林居民更害怕饥饿，所以，这个时候，它们也就不那么怕人了。

黑琴鸡和灰山鹑都偷偷跑到打谷场和谷仓来了；欧兔时不时出现在菜园里；白鼬和伶鼬则钻到地窖里去捉老鼠了；雪兔躲到村边的干草垛里吃起干草来。有一天，我们《森林报》通讯员住的小木屋里，迎来了一只漂亮的山雀。它浑身的羽毛呈黄色，而脸颊是白色的，胸脯上还有一道黑纹。它旁若无人地啄起桌子上的食物残渣来。

小屋的主人关上了门，这只山雀自然就成了俘虏。

它在小屋里住了整整一个星期。没人去惊动它，也没人去喂它，可是它却一天比一天胖了。因为它可以肆无忌惮的天天在屋子里找寻食物，角落里的蟑螂、板缝里的苍蝇、地上的食物碎屑可都是它的美食。夜里冷了，它就睡在火炕后面的裂缝里。

几天后，吃光了屋子里的苍蝇和蟑螂，它又盯上了我们的面包，全然不顾地啄了起来，还有书、小盒子、软木塞全都不放过。于是，小屋的主人不得不把这个不速之客撵了出去。

都市要闻

校园里的生物角

无论去这里的哪所学校，你都会发现一个生物角。生物角里放置着许多箱子、笼子和罐子，里面养着各种各样的小动物，这些小动物都是孩子们夏天从郊外捕捉回来的。

生物角里有小鸟、小兽、蛇、青蛙，还有各种昆虫。

为了照顾好这些小动物，孩子们总是忙忙碌碌的：要给它们喝水喂食，还要根据每种动物的不同特性，安排好它们的住所，而且还要看护好它们，防止它们逃跑。

在一所学校里，我们看到了孩子们夏天写的一本日志。从中我们能看出来，孩子们是非常认真地在做收集动物这项工作，而不是玩玩而已。

6月7日，日记里这样写着：“今天，我们贴了一张宣传画报，号召大家把收集到的动物都交给值日生。”

6月10日，值日生这样写道：“图拉斯带来了一只天牛，米龙诺夫带来了一只甲虫，加甫里洛夫带来了一只小蛇，雅科甫列夫带来了一只瓢虫，保尔肖夫带来了一只雏鸟……”

日记上差不多每天都有这样的记录：“6月25日，我们来到了一个池塘边，捉到了很多蜻蜓的幼虫，还捉到了一只蝾螈，这可是我们非常需要的东西呢！”

有的孩子还对他们捉到的动物进行了描写：“我们捞到了许多水蝎子和水黾，还捉到了很多青蛙。青蛙有四只脚，每只脚上有四个脚趾。青蛙的眼睛是黑色的，它的鼻子仅是两个小孔，眼睛却很大，青蛙对人类是很有益处的。”

到了冬天，同学们还在商店里买了一些我们这儿没有的动物，有乌龟、豚鼠、金鱼，还有羽毛鲜艳的鸟等。一走进孩子们养殖动物的房间，就听见这里的房客们一片喧闹声，有的尖叫，有的哼哼，有的啼鸣，叫声各异。这里就像是一个小型动物园。

孩子们还想出了好办法，交换彼此的“房客”。比如夏天，有一所学校的学生捉到了一些鲫鱼，而另一所学校的学生养了好多兔子，多得都没有地方安放了。于是，两个学校的孩子们决定彼此交换，四条鲫鱼换一只兔子。

这都是低年级的孩子们的活动。

而高年级的学生们，他们有自己的组织，几乎每所学校都会有少年自然科学家小组。

这里的少年宫里，也有这样一个研究小组，各个学校都会选派最优秀的少年自然科学家去参加。在这里，他们会一起学习怎样观察和捕捉小动物，怎样照料和饲养小动物，如何制作动物标本和植物标本。

整个学年，从开始到结束，小组的成员们经常到郊外的各个地方去郊游。一到暑假，小组成员全体出发，一起到很远的地方去考察。有时候，他们会住上整整一个月。

孩子们还在学校实验园地上开辟了果木和树木的苗圃，而且他们的蔬菜园里年年丰收。

与此同时，他们每人都有一本日志，详细地记录了他们的观察结果和日常工作情况。

无论是刮风、下雨、寒冷、酷暑的天气，还是在田野、草地、江河、湖泊的任何地方，我们的少年科学家们都不会错过观察大自然的机会，他们认真、努力地研究着我们祖国丰富多彩的生物资源。

在我国，未来的科学家们，一代改造大自然的新人正在茁壮成长。

爱心救助

各种鸣禽在这个季节里正在挨饿受冻。

富有爱心的城里人，为它们开办了免费食堂，来救助这些鸟类。人们在院子里，或是自家的阳台上，撒一些谷物，等待着饥饿的小鸟前来觅食。

大山雀、褐头山雀、蓝山雀都会成群结队地飞到这里来，有时黄雀和白腰朱顶雀和其他的一些鸟类也会飞来。

冬日钓鱼

也许你不会相信，在冬天也能钓到大鱼。

在冬天钓鱼是一门学问，需要根据环境中的某些特征判断是否有鱼。确定有鱼的地点后，就可以在冰上凿几个小洞一试身手了。

那么，如何根据环境的特征判断哪里有鱼呢？

如果一条河在陡峭的山壁下弯曲向前，一般来说这里会有一个深坑，在寒冷的冬天，成群的鲈鱼就会聚集到这里；如果一条小溪流入了河流或湖泊，在入口处就会有一个深坑；

通常芦苇只会生长在水浅的地方，所以芦苇丛后面的湖泊或是河流都会有一个凹下去的深坑，那里也是鱼群聚集的地方。

钓鱼的人通常会用木柄铁杵在冰面上凿出一个20～25厘米宽的冰窟窿，然后把拴着鱼钩的细筋或棕丝放到冰窟窿里去，先把它放到底，试探一下水的深度。然后开始上下拖放鱼钩，不必放到底。这样带有鱼饵的鱼钩就会在水面上飘动起来。

鲈鱼看到后，就会快速扑上去，连鱼饵和鱼钩一起吞到了肚子里，就这样鲈鱼上钩了。如果很长时间没有鱼上钩，就应该另换一个地点，重新开始。

想要捕捉经常在夜间活动的江鳕鱼，那你就应该准备一些冰下捕鱼的工具。这种工具制作起来很简单，在一根稍长点的绳子上面系上3～5根小绳子，小绳子可以用丝线编成，每个小绳子之间的距离大约10厘米。然后在小绳子的一端挂上鱼钩，鱼饵可以是小鱼、小块鱼肉或是蚯蚓都可以，大绳子一端拴上重物，固定后垂到水底。带有饵食的鱼钩会被水一个个冲到冰底。在大绳子的另一端拴上个棍子，并把它横放在冰窟窿上面，做好这些后，就等到第二天早晨再来吧。

第二天早上把绳子拉上来，你就会有很大的收获，上面至少会吊着一条很大很大的鱼，活蹦乱跳，只是它浑身黏糊糊的，很滑，身上有一条条的斑纹，下颌上还长有一根长须子，这就是江鳕鱼。

狩猎的故事

熊洞事件

冬天正是捕获大型动物的好时机，比如熊和狼。

冬天快要结束的时候，是森林里食物最紧缺，动物们最饥饿的时候。此时饥饿难忍的狼胆子更大了，它们成群结队地在森林里乱窜，甚至走到了村庄附近。

熊此时大多数在洞里冬眠，可是也有一些在林子里到处游荡。这些熊大多没有做好冬眠的准备，只好就地为家，躺在雪地上了。也有个别是因为在洞中受到惊扰跑出来的，它们没有重新建造洞穴冬眠的计划，也只好成了游荡一族了。

这时候正是猎人行动的时候，他们只需要穿上滑雪板，牵着狗追捕就可以了，只要这些游荡者不停止脚步，猎狗就会在深雪里一路追上去，猎人只需跟在后面，坐等收获就可以了。

当然，捕猎猛兽可不像打鸟那样简单，随时都有可能发生意外。

森林守护员发现一个熊洞，于是他们从城里请来了猎人帮忙。猎人带着两条北极犬悄悄地靠近一个雪堆，雪堆下正是一头熟睡的熊。

这个猎人非常熟悉熊的习性，于是他选择站在洞口的一侧。因为他非常清楚，熊的洞口通常是朝着日出的方向，一旦熊从雪下窜出来，就会向南边扑去，这是它的习惯，而猎人所在的位置恰好可以击中熊的要害部位。

这时候，守林员也悄无声息地来到雪堆后，并放出了猎狗，灵敏的猎狗闻到了野兽的气味，于是向雪堆奔去，猎狗边跑边狂叫，叫声非常响亮。按常理，熊早该被吵醒了，可是等了半天，也不见有任何动静。就在这时，突然从雪下伸出一个大黑掌，这只大爪子差点抓住那只猎狗，幸亏猎狗反应灵敏，只是惊叫一声便躲开了。接着，这只熊像一座黑色的小山似的，猛的一下从雪底冲了出来，但是令人意外的是它并没有闪身从旁边离开，而是径直扑向猎人。

熊低着头向前跑，它的大脑袋遮挡住了前胸。这样猎人根本没办法瞄准它的心脏，迫于无奈，猎人还是开了一枪，子弹打中了熊的前额。由于熊的前额十分坚硬，子弹只是擦过，然后飞向旁边。但是这一枪，彻底激怒了这只大熊，气急败坏的它一下把猎人扑倒在地。

这个时候几只猎狗为了解救自己的主人，也扑了上来，它们拼命地咬着熊的屁股，并使劲抓挠着它的后背，但都无济于事。

森林守护员也吓坏了，他一看情况不妙，立刻高声大喊起来，并挥舞着手里猎枪。但是又能怎么样呢？他根本没办

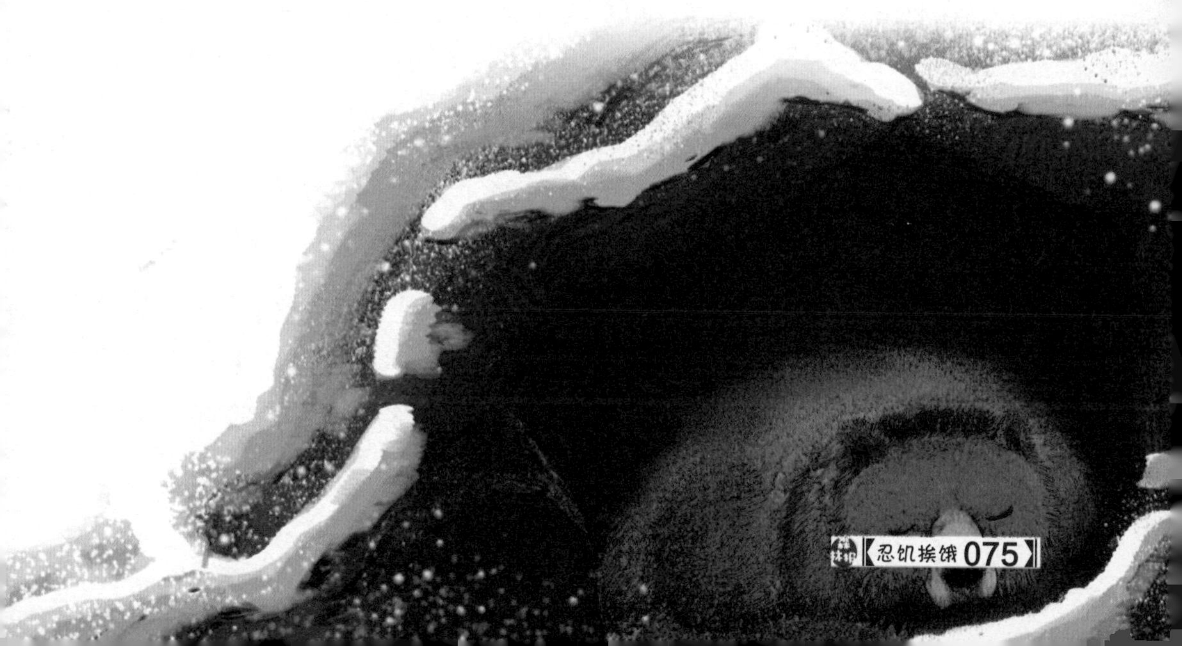

法开枪，因为一开枪有可能打中熊，也有可能打中猎人。

这时候，熊的爪子已经抓走了猎人的帽子，顺带着也抓掉了猎人的头皮。

此时，受伤的猎人并没有慌，毕竟他有着多年的丰富经验，胆大心细的猎人适时掏出身上的短刀，一下戳进了熊的肚皮，接着“扑通”一声，熊便倒在了一旁，然后疯狂地吼叫着，在满是血迹的雪地里翻滚着。

这位机智的猎人依然健康地活着，并且在他的床前多了一张崭新的熊皮，只是从那时起，他的头上总是包着一块黑色的头巾。

围猎

1月27日，塞索伊奇从森林里出来后并没有径直回家，他去隔壁村的邮局给列宁格勒的一个朋友拍了电报。他的这位朋友不仅是一名医生，还是一位猎熊的能手。电报的内容是：“发现熊洞，速来！”第二天，塞索伊奇就收到了回电：“于2月1日，共3人抵达。”

在他的朋友到来之前的这几天里，塞索伊奇每天早晨都会去看一下熊洞，此时的熊正酣睡呢！因为洞口的灌木丛上，每天都会有新的霜花，这是熊呼出的热气形成的。

1月30日，塞索伊奇观察完熊洞后，在回去的路上遇见了两个本村的年轻人：安德烈和谢尔盖。两个年轻的猎人要到森林里打灰鼠。塞索伊奇本想提醒他们，不要到有熊洞的地方去，但他又改变主意了，因为年轻人好奇心强，告诉了他们没准更会去看个究竟。如果他们把熊惊醒了那可就坏事了，所以塞索伊奇对此事只字未提。

1 月 31 日清晨，他又来观察熊洞的情况，可是眼前的情景让他大吃一惊，熊洞被毁了，熊也不见了踪影！在离熊洞大约 50 步远的地方，一棵松树倒在地上。塞索伊奇大概可以判断出这里发生了什么事情。谢尔盖和安德烈在打猎的时候打中了一只灰鼠，可是灰鼠恰巧挂在了树枝上，他们到不了那么高的地方，于是想出了一个办法：把松树砍倒。松树倒地的那一刻，不远处洞里酣睡的熊却被惊醒了，跑了出来。

塞索伊奇仔细观察地上的痕迹，根据两个年轻猎手的脚印可以猜出，他们是朝那棵松树所在的方向走的，而熊是朝相反方向跑的。幸运的是熊在密林后，所以逃跑时没有被他们发现。

塞索伊奇一刻也不敢耽误，沿着熊的脚印一路追了过去。

第二天傍晚，他的老朋友到了，共有三个人，其中一位是医生，另一位是上校，还有一位身材高大魁梧的人，他长着两撇黑亮的胡须，连下巴上的胡子也整齐光鲜，看上去很傲慢的样子。塞索伊奇第一眼看到他的时候，就不是很喜欢他。

小个子猎人打量着面前的陌生人，心想：瞧他那油头粉面的样子，高昂着头，胸脯挺得像公鸡一样，头上没有一丝白发，都这么大年纪了还如此精神，真让人不服气！

让塞索伊奇感到最为尴尬的是，他不得不在这位傲慢的城里人面前公开承认，由于自己的疏忽大意，没有看好熊，熊已经逃跑了，错失了猎熊的最佳机会。不过，塞索伊奇心里有数，因为他已经追踪到了熊的踪迹，这只熊就藏在一片小树林里。所以，现在只能用围猎的办法来捉它了。

那个傲慢的陌生人听完后，倒是没有说什么，只是很不以为然地皱了皱眉头，淡然地问："熊大不大？"

"看着脚印可不小！"塞索伊奇说："从脚印判断，这只熊绝对不少于200千克。"

陌生人耸了耸平得像十字架似的双肩，不以为然地说："开始说的是请我们来掏熊洞的，现在又改成了围猎。那么，在围猎的时候，你们有能力把熊撵到我们的枪口上吗？"

这种怀疑的口气让塞索伊奇很不舒服，不过，他们毕竟是客人，塞索伊奇只得强压住心中的怒气，没说什么，心里暗自想：我们当然有这个本事，只是到时候你可得当心点，别让熊把你这一脸的傲慢撕扯下来！

接下来，大家开始讨论如何围猎。塞索伊奇的建议是：为了保证猎人的安全，需要在每个猎人的后边跟随一个射击手作为后备力量。

那个傲慢的人听到这个建议后不满意地说："如果

谁怀疑自己的枪法，可以退出。如果在猎人的后面安排一个保镖，这还算是真正的猎人吗？”

塞索伊奇听他这样说，对这个猎人又多了一份好感，毕竟这种胆量和豪气还是很让人佩服的。

这时，上校语气坚定地说道：“小心一点还是有好处的，跟个射手有备无患。”医生也表示赞同。

傲慢的陌生人不屑地瞅了瞅身边的两个同伴，又耸了耸肩，最后说：“既然你们这么胆子小，那就这么办吧！”

第二天，天还没亮，塞索伊奇先叫醒了三位猎人，然后到村里找一些在围猎中帮忙驱赶熊的人。

当塞索伊奇回来的时候，那个傲慢的人正从一个十分精致的小提箱里取出一把双筒猎枪。小提箱外观精致漂亮，箱子里的猎枪更是诱人。塞索伊奇看着猎枪已经不愿挪动眼睛了，心中不禁赞叹道：这把枪真是太漂亮了！

那个傲慢的人把枪收好后，又从那个漂亮的小匣子里拿出了闪闪发光的子弹夹，子弹夹里分别装着各式各样的子弹，当然，他还不忘在医生和上校面前炫耀：他的枪有多么的精准，子弹有多大的穿透力，还有他在高加索打到过野猪，在远东地区打到过老虎等。

塞索伊奇虽然脸上很平静，但心里却不是滋味，在这个傲慢的家伙面前，感觉自己好像矮了好多。他很想凑上前去，仔细欣赏一下这把猎枪，可是好胜的他没好意思开口。

天刚亮的时候，几十人的队伍已经集合完毕，大家分别乘坐雪橇，排着长长的队伍向森林进发。最前面的雪橇上坐着塞索伊奇，他的身后是四十个负责赶围的村民，三个从城里请来的猎人则走在最后面。

在距离熊藏匿的小树林大约一公里的地方，塞索伊奇让大家停了下来，这里有一个临时搭建的小木屋，他让大家走进屋里生火取暖，稍事休整。

塞索伊奇则先乘着滑雪板前去观察熊的位置后，回来安排好那些负责赶围的村民。所有的一切都布置妥当后，围猎行动就正式开始了。

首先，塞索伊奇让几个负责赶围的人在树林的一侧站成半圆形，其他人则站到这个包围圈的两侧，听从指挥。

猎捕熊和围猎其他动物不同。赶围的人不用像往常一样，一边喊一边往前走，然后慢慢缩小包围圈。而是站在原地叫喊即可。当熊被惊醒后，如果它不向伏击地点跑，而是窜向旁边，赶围的人只需要摘下头顶上的帽子，在熊的面前挥舞，就足以把熊吓走了。

塞索伊奇安排好这些人以后，开始安排猎人的伏击点。伏击点只有三处，互相之间的距离是二十至三十步。塞索伊奇把医生安排在第一射击点，上校在第三射击点，那个傲慢的家伙则在最中间的位置，也就是第二个射击点。因为这个地方有熊进入树林的痕迹，一般来说，熊出来时，多数会按照原来的脚印逃走。

站在那个傲慢的家伙后面的是年轻的猎手安德烈，之所以选他在这个重要的位置上，是因为他的经验更多一些，关键时候能够沉得住气。作为后备射击手，安德烈只有在熊冲过射击线，或是扑向前面的猎人的时候，他才能开枪射击。

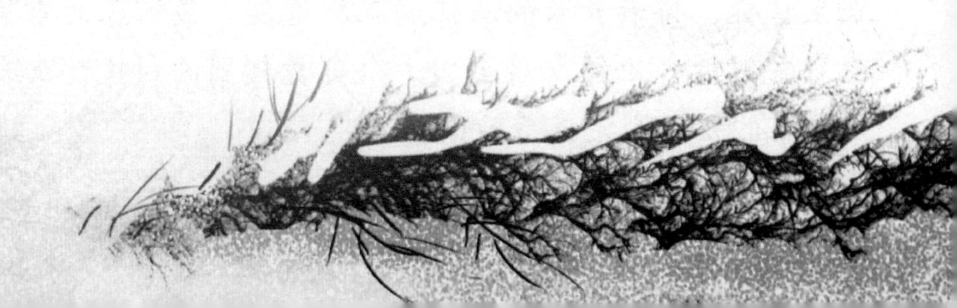

所有的射击手都身着白色罩衫，这样有利于隐藏自己。

最后，塞索伊奇小声命令所有人：“禁止说笑和吸烟，当赶围人呐喊时，大家别弄出声响，尽可能地让熊靠得近些。”吩咐完，塞索伊奇又赶往赶围的人群。

过了大约半个小时，这艰难的半个小时，相信所有的猎人都焦虑难安。终于，传来了围猎的号角声，这个久违的声音，低沉、冗长、厚重，一下子传遍了整个布满了积雪的森林。号角声过后，声音仿佛还飘散在这冰冷的空气中，环绕着森林的上空，久久不散。

之后，突然寂静了下来，但很快又响起人们的叫喊声，这些负责赶围的人，叫的叫，喊的喊，声音一片嘈杂。

此时，塞索伊奇和谢尔盖一起乘上滑雪板，已经飞快地驶向熊藏身之处，他们的任务是赶熊，将熊赶到射击范围内。

塞索伊奇心中非常清楚，从雪地上的脚印就能知道，这只熊很大，但是当云杉树丛后闪出高大、乌黑、毛茸茸的背影时，已经有心里准备的塞索伊奇心中还是不禁打了个颤，然后他和谢尔盖不约而同地高声喊道：“来啦，来啦！”

通常情况下，猎熊的时候，准备的时间很长，但真正狩猎的时间却很短。长时间焦急的等待，还有时刻警惕随时有可能会发生的危险，所以这时候，射击手会感觉时间过得非常慢。而猎物从突然出现到被射击手击中的时间仅短暂的几秒钟，有时候，一些猎手还没有看清状况时，狩猎就已经结束了，而最重要的那一刻，自己却什么也没做，这种感觉真的让人很不舒服。

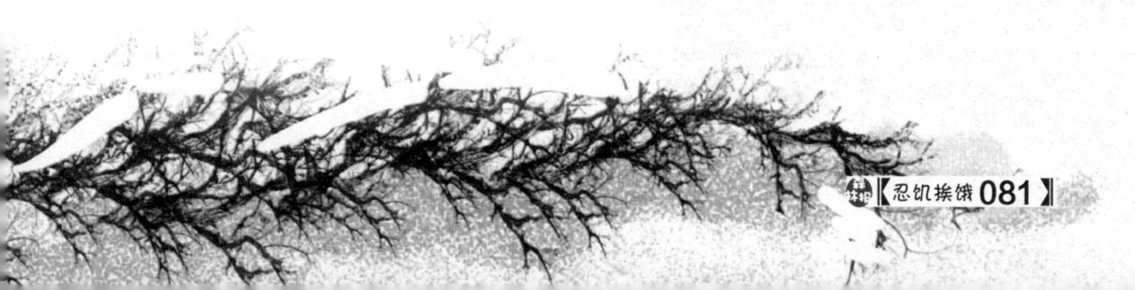

此时，塞索伊奇正卖力地追赶着熊，但他要白费劲了，因为他想要追赶上熊是不可能的，树林里到处都是深深的积雪，如果不是穿着滑雪板，人很容易陷入齐腰深的积雪里，想把脚拔上来要花很大的力气。可是熊在这样的地方行走却如履平地。它就像是一辆坦克，一路走下来，撞倒了旁边的灌木和小树，它又像是一艘速度极快的汽艇，在它经过的地方会溅起高高的雪尘，好似长了一双雪白的翅膀。

很快，那只高大的熊就消失在塞索伊奇的视线里。不过，两分钟后，塞索伊奇就听到了枪声。

难道狩猎结束了？大熊被打死了？他暗自猜想着，这时又响起了第二枪，跟着是一声凄惨的叫声，叫声中透着恐惧、痛苦和绝望，似乎在回答塞索伊奇心中的疑问。

塞索伊奇马上反应过来，拼命地向射击手的方向跑去，

当他接近中间的位置，也就是第二个射击点的时候，他看到上校、安德烈还有脸色惨白得像白雪一样的医生，他们三人此时正用力地抓着熊皮，费劲地把熊从躺在雪地上的第三个猎人的身上抬起来。

到底发生了什么事？事情原来是这样的，大熊顺着自己的脚印往回跑，直接冲向中间的射击点。按照规矩，应该等熊跑到距离射击点十至十五步远的时候开枪，这样射击手才能准确地击中熊的头或心脏。可是中间位置上的这位猎人没沉得住气，在熊距离他还有六十步远的地方就开枪了。

当中间的这位射击手把一颗能够爆炸的达姆弹，从那杆漂亮精致的枪射击出去之后，子弹只是打中了熊的腿。疼痛让大熊一下狂躁起来，疯狂地向射击手扑去。可这时的猎人已然慌了神，连枪里还剩一颗子弹都忘记了，也忘记了身旁还有一管备用的枪。惊慌失措的他扔下枪，转身就跑。

大熊哪里会放过那个伤害自己的人，它伸出厚厚的手掌，一巴掌就把猎人打倒，按在了雪地上。

紧急时刻，安德烈作为后备射击手，自然不会袖手旁观，他连忙将自己猎枪的枪筒，直接送进了大熊张开的大嘴巴里，并迅速扣动了扳机，接连扣动了两次。

可倒霉的是，猎枪并没有发射，只是吧嗒响了一下，原来是子弹卡住了，而且两枪都没响。

此时，站在第三个射击点上的上校见情况不妙，他立刻意识到，同伴随时有生命危险，必须马上开枪。他也十分清楚，如果打不准，很有可能会击中同伴。可是，他并没有犹豫，而是一条腿跪在地上，对准熊的头部“砰”地就是一枪。

那只大熊猛地窜了起来，在半空中挺了一下，然后“扑通”一声倒了下去，恰巧压在了那位躺着的人身上。上校这一枪打得十分精准，正中熊的太阳穴，大熊当场送命。

医生也跑过来帮忙，和安德烈、上校一起抬起刚刚被打死的熊，试图救出还压在它身下的那位猎人。此时，并不知他是否还活着！

塞索伊奇也正好赶到了，大家费了好大的力气才把这个沉重的家伙挪开，把压在下面的人搀扶了起来。十分幸运的是他还活着，只是脸色惨白，像一张白纸，这个傲慢的城里人再无往日的神气，此时的他连正眼瞧周围的人都不敢了。

大家把他抬到了雪橇上，送回了村子里。在村子里，他定了定神后，不想再留在这里，坚持要走。结果他一个人去了车站，而且在他的一再要求下，居然把熊皮占为己有了。

塞索伊奇在讲完这个故事的时候，还在耿耿于怀：“唉，在这件事上，我们失算了，就不应该让他把熊皮拿走。这会儿，还不知道他在哪炫耀呢！他肯定会说，他一个人打死了那只大熊。说到那只大熊足足有300公斤呢，可真是一个让人不容小觑的大家伙！”

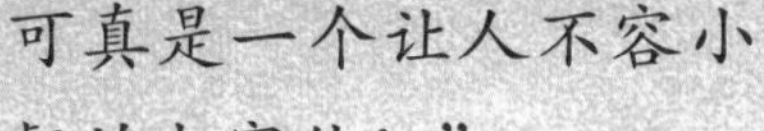

竞赛场

看谁又快又准

1. 躲在洞里冬眠的熊，是瘦熊还是胖熊？

2. 冬天的时候，许多飞禽走兽会离开大森林，搬到人类的居住地附近生活，这是为什么？

3. 交嘴鸟的尸体能够保持很长时间不腐烂，你知道为什么吗？

4. 冬天的时候，猎人狩猎会带着猎犬，他们这样做除了猎犬可以帮助猎人找到猎物以外，猎犬还有什么作用？

5. 什么鸟一年四季都可以孵小鸟，甚至在冰天雪地的冬天也不例外？

竞赛场

竞赛场答案

1. 胖熊。睡着了的熊依靠脂肪维持体内的营养和温度。

2. 因为在冬天的时候，人类居住的地方容易找到食物。

3. 交嘴鸟以针叶树的种子为食，所以，身体中含有大量的松脂，而松脂可以有效地防止尸体腐烂。

4. 因为冬天的野兽都很饥饿，在这个时候捕猎，野兽容易攻击人，带上猎犬是对猎人的一种保护。

5. 交嘴鸟。因为它们喂小鸟的食物是松树的种子。

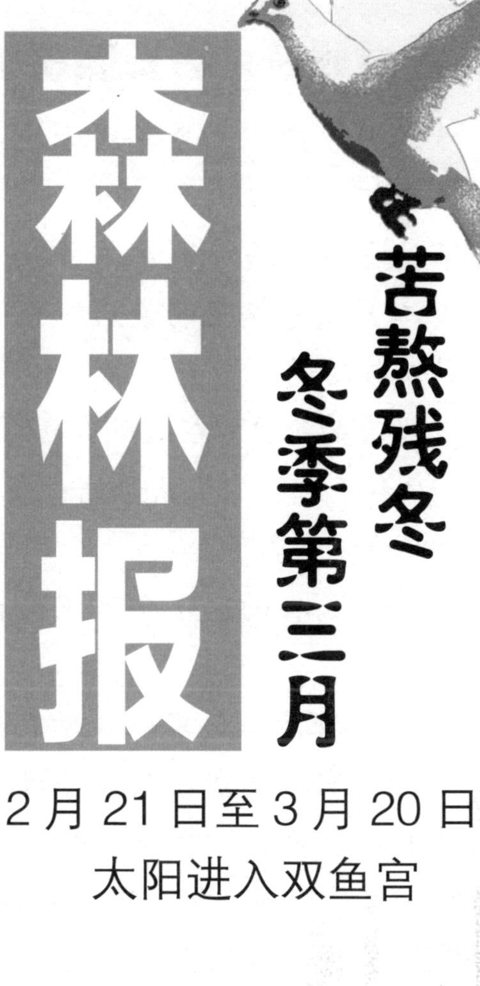

森林报

苦熬残冬

冬季第三月

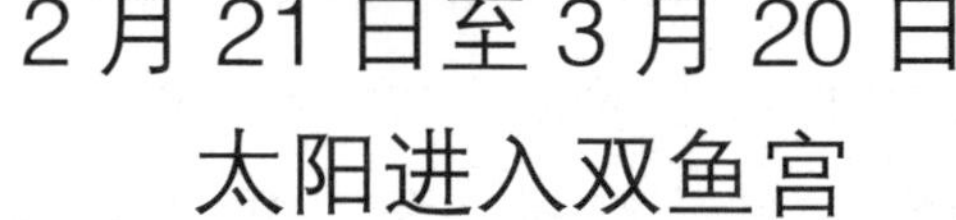

2月21日至3月20日

太阳进入双鱼宫

熬过残冬，春天就可以填饱肚子

二月，严寒的冬季终于快走到了尽头，但风雪依旧，狂风毫不留情地摧残着大地，却不见它留下任何足迹。

二月是冬季里的最后一个月，也是要继续忍饥挨饿的一个月。

所有的野兽都在这个难熬的月份里日渐消瘦。从秋天起，它们拼命储存在体内的脂肪已经消耗得差不多了。

一些小兽的地下仓库里的存粮也差不多吃光了。

对于很多植物来说，雪原本是可以帮助它们冬天保暖的朋友，可是到了二月份，它却变成了致命的敌人：干枯的树枝已经承受不住厚雪的层层重压，纷纷折断了。野生的禽类，比如山鹑、花尾榛鸡、黑琴鸡等，倒是很喜欢这厚重的积雪，因为它们可以整个身子钻到积雪里去，舒舒服服地过夜。

可是也有糟糕的时候，白天出太阳的时候，积雪会消融。到了晚上，寒冷的天气再度袭来，白天消融的雪水，这时候就会在积雪的表面形成一层冰壳。这样一来，任凭你怎样用脑袋去撞击那坚硬的冰壳，也休想逃出这冰屋。

暴风雪夜以继日地吹个不停，把行驶雪橇的道路都掩埋了起来。

熬得过这苦寒吗

森林里终于迎来了冬季的最后一个月，同时也是最难熬的一个月。每年春天来临前的这一个月总是最冷的。

森林里的居民们，它们所储备的粮食早已所剩无几，所有飞禽走兽也日渐消瘦，能为它们提供营养和热量的皮下脂肪，也已经消耗没了。

一连数日的半饥半饱的生活，使它们筋疲力尽，它们已没有多少体力来支撑自己的身体了。

这时候，大自然却像是有意为难这些鸟兽，风雪依旧肆虐，天气也越来越冷了。

寒冬知道自己停留在森林里的日子不多了，所以就更加肆无忌惮地天寒地冻起来。这时候，飞禽走兽只要拿出最后的力气，鼓足力量，再坚持几天，就会等到春天的到来。

我们的通讯员到森林里去逛了逛，在巡视的过程中，他们最为担心的就是，这些居民们能熬得过这苦寒，迎来那温暖的春天吗?

在森林里，尽管他们不情愿，但还是看到许多悲剧发生:

有很多居民忍受不了饥饿和严寒而死去了。存活下来的居民们能否挺过这一个月呢？任何一种动物都不会轻易地死去，它们大多都在顽强地活着呢，你们大可不必为它们担心。

消失在严寒中的生命

严寒的天气，已经让森林中很多动物受不了了，再加上凛冽的寒风，那才是最可怕的！每逢这样的天气过后，在雪地上，你总能看见一些冻死的飞禽走兽和昆虫的尸体。

寒风把树桩和倒在地上的树干下的积雪全都吹走了，可是里面还藏着许多避寒的小野兽和甲虫、蜘蛛、蜗牛、蚯蚓等好多动物呢。暴风把盖在它们身上用来取暖的雪被拿走了，等待它们的只能是在寒风中慢慢冻死。

鸟类呢，它们在空中就被暴风雪卷走了，也冻死了。乌鸦是一种抵抗力非常强的鸟类，却也难以抗拒这长时间的暴风雪，最终冻死在了雪地上。

暴风雪过后，森林里的清洁员——猛禽和猛兽行动了，它们到处搜寻，把冻死在暴风雪中的尸体收拾得干干净净。

清脆透明的青蛙

一次，我们的森林通讯员敲破了一处结冰的池塘，并从池塘里挖出了一些淤泥。淤泥里居然藏着许多青蛙。它们一堆堆地聚在那里，它们是来这里冬眠的。

人们把青蛙从淤泥里取出来一看，它们完全就像是玻璃制成的，它们的身体透明而且非常清脆，只要你这么轻轻一敲，它那细细的小腿“咔嚓”一声就断了。

我们的通讯员带回几只冻僵了的青蛙，把它们放到了暖和的屋子里，让它们的身体一点点变暖。过了一会儿，青蛙慢慢苏醒了，开始在地板上活蹦乱跳起来。

由此我们可以想象，春天阳光普照的那一刻，温暖的太阳会把池塘的冰晒化了，水也会变得暖和，到时候冬眠的青蛙就会苏醒过来，又会变得活蹦乱跳了。

光滑的冰地

雪融化后，天气骤然变冷。于是，已经融化了的雪水又被冻成了冰壳，这无疑是最可怕的。

这层冰壳坚硬而光滑，野兽的脚爪刨不开它，鸟的尖嘴也休想啄破它。

鸟怎么样才能吃到冰壳下的细草、谷粒呢？

如果无力敲破眼前的冰壳，就只能眼看着食物而挨饿啦！

有时也会发生这样的情况。

融雪天里，地上的雪变得又湿又软。傍晚时，一群灰山鹑飞到了雪地上，它们给自己在雪地上刨了几个洞，洞里还散发出阵阵热气，非常暖和，于是，它们就钻进去睡觉了。

出乎意料的是，半夜突然暴冷，灰山鹑并没有感觉冷，它们还在温暖的地下洞穴里睡得香甜呢！

第二天早晨，灰山鹑们睡醒了。雪下倒还是很温暖，只是有点透不过气来。得到外面呼吸一下新鲜空气，再舒展一下翅膀，找点吃的。

它们刚要飞起来，可是头顶上居然是一层冰，是很坚硬的冰，就像是铺了一层玻璃板。

灰山鹑用它那小脑袋向冰壳撞去，撞得头破血流，它们只有一个想法，无论如何也要冲出冰壳！

如果能冲出这个冰牢，就算是饿着肚子，那也是够幸运的了。

倒挂着的睡客

在托斯纳河的河岸边，离萨博林诺火车站不远的地方，有一个很大的岩洞。过去，人们去那里挖取沙土，而现在已经废弃了，没有人会去那里了。

一次，我们的通讯员去看了那个岩洞。他们发现在洞顶上倒挂着一排排的蝙蝠，都是一些长耳蝙蝠和棕蝠。它们都沉浸在睡梦中，而且已经睡了5个月了。只见它们头朝下、脚朝上，双脚紧紧地抓着那凹凸不平的洞顶。长耳蝙蝠把大耳朵藏在它那折起的翅膀下面，它们那紧抱在一起的两个翅膀，就像是盖在身上的一床被子。它们就那样倒挂着，美美地睡着。

看到蝙蝠接连数月睡了这么久，我们的通讯员感到有点担心，于是给它们测量了脉搏和体温。

夏天的时候，蝙蝠的体温和人类的一样，37℃左右，脉搏是每分钟200次。

而现在，蝙蝠的脉搏降到了每分钟50次，体温仅有5℃左右。

尽管是这样低的脉搏和体温，对蝙蝠来说，也没有任何危险，这些小瞌睡虫们依然很健康，我们不必为此担心。

它们还要这样无忧无虑地睡上一到两个月。等它们睡醒了，那时候的夜晚也会变得温暖了，它们就会健健康康地飞出去，穿梭在夜色中。

冬穿夏衣

今天，在一处僻静的角落，我找到了一棵款冬。此时它正开花呢，好像丝毫没有感觉到冷一样。这些细茎的款冬就像是还穿着夏装一样，鳞片状的小叶子，上面还蒙着蛛丝般的绒毛。此刻，它居然会不觉得冷。这究竟是怎么回事呢？

也许你不会相信我说的这些话，四周都是雪，哪里来的款冬呢？

可是之前我说过了，是在一个十分“僻静的角落”发现它的，让我来告诉你吧，这是个什么地方：它在一幢大楼朝南的墙根底下，这个地方有暖气管子通过。在这个“僻静的角落”，根本没有积雪，因为雪一到这个暖和的地方就融化了，地面上露出黑油油的土壤，就像是在春天一样，冒着热气。

然而，四周的空气仍旧是那样寒气逼人。

短暂的快乐

只要天气稍微暖和一些，积雪略微融化一点，森林里的虫子们就按捺不住了，纷纷从雪底下爬出来，有蚯蚓、潮虫、蜘蛛、瓢虫，还有叶蜂的幼虫。

有时大风会把地上枯木下的积雪卷走，这样就会在一些隐秘的角落，出现一块没有雪的地方，接着大大小小的虫子们就会在这个地方透透气，散散步。

昆虫们是出来活动自己那麻木已久的腿脚的，而蜘蛛却是出来觅食的。那些没有翅膀的小蚊子，光着脚丫在雪地上跑跑跳跳，而那些有着翅膀的长腿舞蚊，在空中乱转。

一旦严寒再次袭来，这群大大小小的虫子们就立刻停止活动，它们匆忙藏匿起来，有的钻到了枯叶下，有的钻到了枯草里，有的钻入了泥土里。

卸下武装

“森林勇士”驼鹿和小个子马鹿，这个时候都把自己的犄角脱落了。

公驼鹿是自己甩掉头上这沉重的武器的。它们来到茂密的林子里，用犄角在树干上蹭啊蹭，于是犄角就掉了。

两只狼发现了卸了“武器”的大个子驼鹿，立刻决定对它发起进攻。在它们看来，战胜这只没有了犄角的驼鹿，真是太容易了。

战斗开始了，两只狼前后夹击驼鹿，出乎意料的是，战斗很快就结束了。驼鹿用它那两只结实有力的前蹄，一下就击碎了一只狼的脑壳，突然又转过身，把另外一只在后面偷袭的狼踢倒在地。这只狼拖着受伤的身体，仓皇地逃走了。

这几天，老公驼鹿和老马鹿已经长出了新的犄角。但是现在，还是没有长硬的肉瘤，外面绷着一层皮，皮上面则是蓬松细软的绒毛。

雪底下的世界

在这漫长的冬季里，当你站在田野上，面对着冰雪覆盖的大地，不由自主地就会想，在这冰冷而又枯燥的积雪下面，还会有生命存在吗？它们会是什么呢？

于是，我们的通讯员在森林里，在林间空地和田野的积雪上挖了一些深坑，一直挖到了地面。

让我们惊叹的是，在雪下，发现的东西还真多呢！很多绿色的小叶簇拥在一起，刚刚从枯草根下钻出来的小嫩芽，被积雪重重压在冻土上的绿色野草茎。而且所有的这些都是活的，想想看，它们都还活着！

原来，表面上毫无生气的雪地下面，有草莓、蒲公英、三叶兰等不同种类的植物，全部是绿油油的！一种名叫繁缕的草本植物更是翠绿娇嫩，甚至还长出了小小的花蕾。

在深深的雪坑四壁上出现了一些圆圆的小洞，那是我们在挖掘时切断的小野兽的地下通道。这些小动物们能够非常巧妙灵活地运用这些通道，在雪地之中穿行，来寻找食物。其中，老鼠和田鼠在雪下啃咬植物的根为食，这些植物的根含有丰富的营养。而食肉动物鼬鼱、伶鼬和白鼬等，则要捕食这些啮齿类动物或在雪下过夜的飞禽。

从前，人们认为只有熊会在冬天繁殖后代，产下小熊。小熊刚刚出生时个头非常小，只有老鼠那么大，而且是穿着衣裳出生的。

现在，科学家们根据研究知道，有些老鼠和田鼠一到冬天就会搬家，它们从夏天的地下洞穴搬到地面上来，在雪下或是灌木丛下的枝杈上建造一个窝。更神奇的是，它们和熊一样也在冬天繁殖后代，不同的是，刚出生的小老鼠浑身光溜溜的没有毛，但它们的窝十分暖和，年轻的鼠妈妈正不辞劳苦地喂它们吃奶呢！

冰盖下的世界

现在，让我们来想想在这个时节，鱼儿是怎样生活的吧！

整个冬天，鱼儿都会在河底深处睡觉，头上覆盖着坚硬的冰块，就像房子的屋顶似的。二月里，到了冬季的末尾，它们还在池塘或是林中沼泽里休眠呢。此时，它们会感觉四周的空气减少，似乎不够用了。时间一长，它们就会因为缺氧而闷死在水底。所以，它们游到冰盖下面，拼命地张开那圆圆的嘴，捕捉附着在冰层下面的气泡。

即便如此，有时候鱼儿也会大面积死亡。以至于春天冰雪融化的时候，你到池边来钓鱼，发现根本没有鱼可钓。

所以，在这冬末的时候，千万别忘了那些鱼儿们。我们可以在池塘或是湖面上凿出一些冰窟窿，要注意，别让冰窟窿再次结冰，好让那些鱼儿能够呼吸到新鲜的空气。

冰洞下探出的脑袋

在涅瓦河口、芬兰湾的冰面上，一位渔人正在上面走着。当他经过一个冰洞的时候，突然从冰底下探出个头来，油光晶亮的，嘴边还长着稀疏的硬胡子。

起初，渔人以为是从冰洞下面浮起了一个落水者的头。突然，渔人发现这个脑袋正转向他呢。渔人这才看清楚，原来是一个尖尖嘴、长着胡子的动物的脑袋，脸皮紧绷绷的，满脸都是闪着亮光的短毛。

这个家伙长着一双亮闪闪的眼睛，直勾勾地盯着渔人看了好一会儿。然后，“扑通”一声，又钻到冰下面去了。

这时，渔人才弄清刚才看到的是一只海豹。

海豹在冰下面捉鱼，只是把头露出水面一小会儿，呼吸一下新鲜空气。

冬天，渔人很容易在芬兰湾上捕捉到海豹，因为海豹为了呼吸到足够的氧气，会经常通过冰洞到冰面上来。

有时候，有些海豹追捕鱼儿，居然一路追到了涅瓦河来。因此，在拉多加湖，会有大量的海豹出现。

爱好冬泳的鸟

我们的森林通讯员，在波罗的海铁路上的加特契纳站附近，在一条小河的一个冰窟窿旁边，看到了一只腹部是黑色的小鸟。

那是一个天寒地冻的早晨，树木似乎都冻得嘎吱嘎吱响。尽管太阳高挂在空中，还是冷得让人受不了，连我们的通讯员也不得不总是捧起雪，摩擦他那冻得发白的鼻子。

在如此寒冷的清晨，这只黑肚皮的小鸟，竟然还站在冰面上欢快地歌唱着，这让我们的通讯员感到特别惊讶。

他慢慢地走到跟前，小鸟突然蹦了几下，扑通一个猛子扎进冰洞里去了。

“糟糕，会不会淹死了？”通讯员心想着，然后急忙来到冰洞旁，想要救出这个似乎发了疯的小鸟。可是谁能想到，此时，这只小鸟正在水里用翅膀划水呢，就像是人用胳膊游泳一样。

小鸟那黑色的脊背在清澈的水里，就像小银鱼一样时隐时现。

这只小鸟一个猛子潜到河底，用它那锐利的脚爪抓着沙子，居然在河底跑起步来。跑一会儿，在一个地方停一会儿，然后用嘴巴翻开河底的小石子，啄出一只黑色的水甲虫。

大约一分钟后，它从其他的冰洞钻了出来，跳到了冰面上，抖动身体，又若无其事地唱起了悦耳动听的歌。

通讯员认为，这里大概暗藏了温泉，河水也许是热的吧！他好奇地把手伸进冰洞里去试探，可是，很快又把手迅速地抽了回来，这水凉得刺骨，刺骨的冷。

顿时，他才明白过来：眼前的小鸟是一种叫河乌的水雀子。

这种鸟和交嘴鸟一样，不受森林法则的约束，有着自己的生存方式。河乌的羽毛表面有着一层薄薄的脂肪，当它钻进水里的时候，涂有脂肪的翅膀上会产生许多亮晶晶的小水泡。这些小水泡就像是给它穿上了一层保暖衣，因此，就算是在冰冷的河水里，它也不会感觉到冷呢！

河乌是我们这里的稀客，而且只有在冬天它们才会来。

春天的消息

此时，天气虽然依旧很冷，但已经没有隆冬时节那样冷了。积雪虽然还是很深，但也没有从前那样亮白了。现在，积雪变成了灰白色，慢慢开始出现蜂窝般的一个个小洞，屋檐上挂着的冰柱，却一天天变大了，而且开始滴滴嗒嗒往下滴水了，地面上出现了一个一个的小水洼。

白天太阳出现的时间越来越长了，阳光也越发温暖了。天空也不再是那样灰白、暗淡的颜色，蔚蓝色的天空也一天比一天深，越来越漂亮了。天上的云也不再是灰色，而变成了一片片、一朵朵厚厚的层层叠叠的云。

每当太阳升起后，你就会听见窗外传来山雀欢快的歌声："斯肯，舒巴克！斯肯，舒巴克！"

夜晚时分，屋顶的猫也举办了音乐会，喵呜——喵呜——

森林里，不知什么时候就会传来啄木鸟欢庆的击鼓声。虽然它只是用嘴敲击树干而已，但只要你仔细听，着实是一支歌呢！

在密林里，云杉和松树下，不知道是谁画了一些神秘的符号，形成一些不可思议的图案。但是，当猎人们看到这些符号时，他们就会非常兴奋，因为这些神秘的符号是森林里一种有胡子的大公鸡——松鸡留下的痕迹，而且是它那强有力的翅膀在春季的坚冰上划下的。这意味着，松鸡很快就要开始交配了，神秘的森林音乐会不久就要开始了。

都市要闻

打架事件

在城里，明显可以感到春天很快就要来了。不信，你看，街上居然常常发生打架事件，是谁呢？原来是麻雀。

街上的麻雀丝毫不会理睬过往的行人，只顾着互相啄着颈毛，把羽毛啄得到处都是。

雌性麻雀从来不参加打架，但是也不会阻止那些打架的家伙。

每天夜里，猫也凑起了热闹，在屋顶上打起架来。有时是两只公猫之间的斗争，它们打得不可开交，拼得你死我活，经常会有战败的公猫从楼顶上翻下来。不过，即使摔下来，它也不会轻易死掉，因为它摔下来的时候，是四脚同时着地，最多是一瘸一拐地跛几天，之后就没事了。

鸟儿的食堂

我和我的同学舒拉都十分喜欢鸟儿。

冬天，住在这里的鸟，如山雀、啄木鸟都经常因为找不到食物而忍饥挨饿。它们真的很可怜，于是我们决定给它们做个食槽。

在我家的附近长有很多的树，经常会有鸟儿落到那些树上面觅食。

我们用木板做了一个浅浅的小木槽，挂到树上，每天清晨，都会往食槽里撒谷粒。慢慢地，鸟儿习惯了到这里找食物，也不再害怕人，见到我们，它们总是唧唧喳喳地叫着，因为它们知道我们会给它们带来美味的食物。

所以，我们建议并倡导大家都来帮助冬天里这些饥饿的鸟儿吧！

修理旧的，建造新的

城里到处都能看见鸟儿们忙碌的身影，有的在修理旧房子，有的在建造新房子。

老乌鸦、老寒鸦、老麻雀、老鸽子，它们都在修理去年的老房子。而那些今年夏天才出生的年轻一代，则忙着建造新窝。它们所用的是粗细不一的树枝、稻草、马鬃、绒毛和羽毛等建筑材料，这样一来，建筑材料需要的就更多了。

“当心鸽子！”

城市街道拐角处的一幢房子上，有这样一个圆形的新标志，中间是一个黑色的三角形，三角形里画着两只白鸽。

很明显，意思是：“当心鸽子！”

每当有车辆行驶到这条街道拐角的时候，司机们都会小心地绕过一大群鸽子。它们拥挤地站在街上，很多大人和孩子们会站在人行道上，向鸽子丢食物。

设立“当心鸽子！”这块让汽车注意的标志，最初是莫斯科的女中学生托尼亚·科尔肯娜提议设立的。开始，大家都感觉很新奇，慢慢地，在许多其他的大城市，也都设立了这样的标示牌。市民们经常来喂这些鸽子，尽情地欣赏这些象征着和平的鸟儿！

爱护鸟类是人类应该做的，而且是一件引以为荣的事情！

雪下的童年

融雪天气里，外面的积雪正在慢慢消融。我来到了园子里，准备挖些栽花用的泥土，顺便看看专门为鸟儿们开辟的小菜园子。那里有我专门为金丝雀种的繁缕：淡绿色的叶子，小小的花，小到几乎看不清楚，嫩脆的细茎总是纠缠在一起。它是一种紧贴地面生长的植物，生长速度很快。菜园里如果种植了繁缕，一旦你稍有疏忽，它就会密密麻麻爬满整个园子。

今年秋天的时候，我把它的种子播种在了园子里，但是种的时间有些晚，才刚刚发芽，就只有一小段细茎和两片小叶子的时候，天气就冷了，于是它就被埋在了雪里。

我想，它们肯定活不成了。

结果呢？我去看时，它们不仅挨过了寒冬，而且还长得很好。如今，它们已不再是幼小的苗了，长成了成形的植物。其中还有几棵已经开出了花蕾呢！

太不可思议了！这还真是奇怪——要知道，那可是寒冷的冬天啊，况且还是在雪的下面！

■（尼·帕甫洛娃）

回归故里

我们《森林报》编辑部最近收到很多让人欣喜的消息：生活在远方的人们给我们寄来信件，告知那些远在埃及、地中海沿岸、伊朗、印度、法国、英国、德国等地的候鸟已经开始陆陆续续动身返回故乡了。

它们并不是很着急，而是有节奏、有计划、不慌不忙地飞着，一寸一寸地占领从冰雪下重新回归的大地和水面。它们估算得很精准，刚好在我们这里冰雪消融、江河解冻的时候飞回来。

初升的新月

今天，一次偶然的相遇让我特别高兴：清晨，我起得很早，太阳刚刚升起的时候，我看见了一弯初升的新月。

一般情况下，只有在傍晚时分、太阳落山之前，我们才会看见新月初升。人们很少会见到它挂在初升的太阳上方。它比初升的太阳起得还要早，在太阳升起时，它早已高挂在空中了。这一弯新月，就像是一把珍珠色的镰刀，高悬在金灿灿的朝霞上，闪烁着银色的光芒。我从未见过如此的美景，那么温馨，那么令人愉悦。

■（摘自少年自然科学家韦里卡的日记）

迷人的白桦树

昨天夜里，突然下了一场小雪。天气不是很冷，暖融融的，到处都是湿漉漉的。园子里台阶前那棵我十分喜爱的白桦树，树干、树枝全部都变成了白色。清晨的时候，天气又忽然冷了起来。

初升的太阳高挂在明净的空中，普照大地。这个时候再看那棵我心爱的白桦树，它那亭亭玉立的样子，简直太迷人了，宛如一棵魔树矗立在那里。从上至下，从树干到每根细小的枝条，都好像涂了一层白釉。原来是湿润的雪融化后，又经过了清晨寒气的冻结，形成了一层薄冰。我的白桦树从头到脚都散发着迷人的光彩。

几只长尾山雀飞来了。它们那蓬松、厚重的羽毛，就像一团团白色的绒球，后面翘着的尾巴就像插着几根织针似的。

它们落在了白桦树上，不停地在树枝上闲转，原来它们是在寻找，看看有什么好吃的东西，可以当做早餐来享用。

树枝上的薄冰让它们的爪子在上面总是打滑，于是它们用那尖嘴开始不停地敲打，可是也没用。白桦树就像玻璃制品一样，只会发出细细的冰冷沉重的叮当声。

没办法，山雀失望地飞走了。

太阳越升越高，随之阳光也越来越温暖了，白桦树上的冰壳终于融化了，从它的树枝到树干上，流下一道道细细的冰水，变成了一个冰树喷泉。

水滴不停地向下淌着，阳光下，水珠闪烁着梦幻般五彩斑斓的颜色，就像是一条条小银蛇般，顺着树枝、树干蜿蜒向下爬行。

这个时候，山雀又飞了回来，它们落在了树枝上，高兴极了，丝毫不害怕那融化的冰水弄湿了它们的爪子，脚下早已不像清晨那样打滑，脱掉了冰壳，白桦树解除了魔法，让山雀在这儿享用了一顿美味的大餐。

■（森林通讯员　韦里卡）

早春的歌声

天气依旧很冷，但阳光明媚，暖洋洋的。就在这样的一天，城中的花园里传来了第一声鸟儿的鸣唱。

那是一种大山雀在歌唱，歌声并没有许多的花腔花调：“荏——瑟——维！荏——瑟——维！”

十分简单的曲调，它依旧欢快地唱着，就像这种金色胸脯的小鸟正用歌声向大家传达：“脱掉大衣，脱掉大衣！春天来了！”

狩猎的故事

神奇的大木箱

事情发生在西伯利亚的一个小地方，那里长年有狼出没。一次，我遇到了一个在卫国战争的游击战中获得过奖章的猎人，我好奇地问他："您有没有遇到过狼群袭击人的事？"

"很多啊！"他回答道，"这没什么，人总归比狼厉害，因为人有武器啊，狼没有什么了不起的，就像狗一样。"

猎人自信地说道，"我们人类有一种不可战胜的武器，就是智慧。我们可以随机应变，特别是还可以把身边的任何东西都变成随时可用的武器。"

"一次，一个猎人就把一个普通的木箱变成了一件武器。"于是，猎人就讲了一个猎狼的故事。

那是一个夜晚，天空中挂着一轮明月，四个猎人带着一个装有一头小猪的大木箱，坐上了马拉雪橇去猎狼。大木箱是他们亲手用木条钉成的，而且故意没有加装盖子。他们驾

着雪橇向狼群经常出没的草原驶去。现在正是寒冬季节，饥饿的狼们正四处找寻食物呢。猎人们到了草原，便故意拉扯箱子里的小猪，小猪疼得直叫，叫声很快传遍了整个草原。

本来，猎人们想通过猪的叫声吸引狼群，然后在雪橇上的大木箱中用枪击毙狼群。然而，却发生了意外。当狼向奔跑中的雪橇追赶的时候，雪橇一个不稳，装小猪的箱子掉落了下来，一个猎人也跟着滚了下来，并且他的枪还甩到了一边，连帽子也不知丢到哪里去了。

狼群分成了两部分，一些狼向狂奔的雪橇追来，一些向小猪奔去。转眼间，小猪就被吃了个精光。吃完了小猪，狼群并没有就此罢休，它们又向那个没枪的猎人扑去。可是那人呢？怎么不见了？只见路上有一个底朝上的大木箱。

狼群急匆匆地来到了箱子的旁边，结果箱子自己动了起来，它从路中间走到了路边上，然后又向雪地里走去。狼群也小心地跟着箱子走着，可是雪地里到处是积雪，箱子一点点陷进雪里，狼群自然也往下沉去。

这时候，狼群有点害怕了，但是，好奇心促使它们不断地向木箱靠拢。狼群似乎也在琢磨：到底是怎么回事呢？可是木箱还在向下沉。

狼群犹豫着：再等下去，木箱会不会不见了呢？

于是，头狼先走到木箱前，试图用鼻子从木箱的缝隙之间嗅到什么。

可是，它的鼻子刚刚碰到木箱，箱子里突然就冲它喷出了一股气，而且人还说了一句话。这时，所有的狼吓得四处逃窜，一会就没影了。

其他三个猎人也正好赶过来解救了这个被围困的猎人。

这个猎人当然活着，而且毫发无损，他从容地爬出了木箱。

“故事结束了。关键时刻，人类的智慧会让人们利用身边的一切来保护自己。”猎人说道。

“那么，你能告诉我，吓退了狼群的那句话是什么，究竟会是一句怎样神奇的话呢？”

“一句什么话？当然是一句普通的人话了！”猎人笑着回答道，“狼不管听到什么话，一听到人声，就吓跑了。”

■（摘自普里什文《白桦树上的小喇叭》）

熊洞风波

二月底，长满苔藓的沼泽地上堆满了厚厚的积雪，这些积雪都是从高处吹到这里来的。在这片沼泽地的高处，有一片丛林。塞索伊奇和他心爱的北极犬红霞，来到了这片丛林。突然，传来了红霞狂叫的声音，而且声音急躁而凶狠，塞索伊奇立刻听明白了，红霞是遇到熊了。

很巧，小个子猎人今天带了一支性能很好的五发来福枪，此时，他不由兴奋起来，急忙向狗叫的方向跑去。

只见地上有一堆倒着的枯木，红霞正对着枯木堆狂叫着。

塞索伊奇找了个最佳的射击位置，脱掉滑雪板，并把脚下的积雪踩实，准备开枪猎熊。

不一会儿，从雪下探出个黑乎乎的脑袋来，两只圆溜溜的眼睛闪着绿光。塞索伊奇很清楚，熊一旦发现敌人，看过一眼后，会马上退回到洞穴里去，然后再突然蹿出来。所以，猎人必须在熊完全缩回去之前，将之击毙。否则，猎人就很难把握熊再次窜出来的时间。

但是，由于时间仓促，在没有瞄得很准的情况下，他就开了枪，事后他才得知，那颗子弹只擦伤了熊的脸颊。

受伤的熊暴跳如雷，向塞索伊奇的方向扑过来。塞索伊奇开了第二枪，幸运的是，这一枪击中了它的要害，熊应声倒地。红霞马上冲了过去，咬住了熊的尸体。

就在熊要扑过来的那一刻，塞索伊奇第一直觉是开枪，忘记了害怕，可现在危险解除了，这个结实的小个子猎人一下感觉浑身瘫软，眼冒金星，耳朵嗡嗡直响。

他深深地吸了一口冷空气，努力地让自己镇定下来，此时此刻，他才真正意识到，刚才的那一幕有多么危险。

突然，红霞从熊的尸体旁跳开了，又向着那堆枯木不停地狂叫了起来，不过，这次是扑向另一个方向。

塞索伊奇一看，不禁惊呆了，那里又探出第二个熊脑袋。

小个子猎人镇定自若，快速举枪瞄准。这次可不像刚才那么慌乱了，只是一枪，很快第二只野兽也倒在了地上。

但是几乎同时，第一只熊出现的那个黑洞里，又露出了一个宽额棕色的熊脑袋，好家伙，没等猎人反应过来，又伸出了第三个熊脑袋。

这下，塞索伊奇彻底慌了，难道丛林里所有的熊都聚集在这里?

来不及瞄准，他接连放了两枪，子弹全部用完了，他无奈地把空枪扔到了地上。虽然此时此刻非常危险，但他还是清楚地看到：第一枪，那个棕色的熊脑袋消失了，第二枪虽然没打空，但可惜的是打中了他心爱的猎犬，因为在他开第二枪的时候，红霞刚好跑了过去。

此刻的塞索伊奇感觉两腿发软，不由自主地向前迈了三四步，最后摔倒在被

他打中的第一只熊的身上，失去了知觉。

小个子猎人就这样躺在雪地上，也不知过了多久，突然他感到一阵疼痛，他模糊地感觉到疼痛的位置好像是鼻子，他下意识地向自己的鼻子摸去，他的手触摸到一个热乎乎、毛茸茸而且活的东西。当他睁开双眼时，看见的却是一对绿色的小眼睛，正直愣愣地盯着他呢！

塞索伊奇惊恐地大叫起来，他用力把鼻子从熊嘴里挣脱出来。他使出全身的力气站了起来，撒腿开跑，可是没跑几步，就陷入及腰深的积雪中，他挣扎着爬出来，向家的方向跑去。就这样，也不知过了多长时间，他踉踉跄跄地回到了家。

回家后，塞索伊奇缓了好一会儿才回过神来。此刻，他开始仔细地回忆在森林中发生的一幕，并且弄清楚了是怎么回事：原来，他最先开的两枪打死的是一只母熊；接着从枯木堆的另一处跳出来的是母熊的大儿子，这是他第三枪击毙的熊；第四枪击中了一只一岁大的熊宝宝，虽然它还很小，但已经长得头大额宽，慌乱中，猎人把它的脑袋也当成了大熊的脑袋了；最后一枪误伤了爱犬红霞。

也就是说，塞索伊奇最后用手摸到的是一只仍在吃奶的熊宝宝，这个家族里唯一存活的熊宝宝来到了母熊的身边，它试图向妈妈的怀里探去，找奶吃，不想却碰到塞索伊奇那呼着热气的鼻子，熊宝宝就把他的鼻子含在嘴里，用力地吮吸起来。显然，它把塞索伊奇的鼻子当成了妈妈的奶头了。

后来，塞索伊奇重新回到了森林，把红霞埋在了那片丛林里，又逮住了那只熊宝宝，把它带回了家。

那只熊宝宝真是一个可爱的小家伙，此时，猎人失去了心爱的猎犬红霞，正好有只小熊为伴。后来小熊也十分依恋他，小个子猎人和熊宝宝就这样亲密地生活在一起了。

竞 赛 场

看谁又快又准

1. 哪种动物倒挂着冬眠?

2. 如果把青蛙从雪下挖出来，放在火炉边，使它快速升温，会出现什么结果?

3. 刺猬在哪里过冬?

4. 海豹在冰层下是怎样呼吸的?

5. 城里菜园里的雪和森林里的雪，哪种更容易融化?

6. 哪种鸟会到水下去寻找食物?

竞赛场

竞赛场答案

1. 蝙蝠。

2. 温度突然升高的情况下，青蛙就会死去。

3. 钻到树叶或者枯草做的窝里过冬。

4. 冬天，它们为了防止自己在冰层下闷死，会在冰上凿些小孔，以呼吸新鲜空气。

5. 城里的雪比较脏，易于吸收光照，所以更易融化。

6. 河乌。